기억한다는 것

기억한다는 것

이현수 글 김진화 그림

너머학교

사람은 자연학적으로는 단 한 번 태어나고 죽지만 인문학적으로는 여러 번 태어나고 죽습니다. 세포의 배열을 바꾸지도 않은 채 우리의 앎과 믿음, 감각이 완전 다른 것으로 변할 수 있습니다. 이것은 그리 신비한 이야기가 아닙니다. 이제까지 나를 완전히 사로잡던 일도 갑자기 시시해질 수 있고, 어제까지 아무렇지도 않게 산 세상이 오늘은 숨을 조이는 듯 답답하게 느껴질 때가 있습니다. 내가 다른 사람이 된 것이지요.

어느 철학자의 말처럼 꿀벌은 밀랍으로 자기 세계를 짓지만, 인간은 말로써, 개념들로써 자기 삶을 만들고 세계를 짓습니다. 우리가 가진 말들, 우리가 가진 개념들이 우리의 삶이고 우리의 세계입니다. 또 그것이 우리 삶과 세계의 한계이지요. 따라서 삶을 바꾸고 세계를 바꾸는 일은 항상 우리 말과 개념을 바꾸는 일에서 시작하고 또 그것으로 나타납니다. 우리의 깨우침과 우리의 배움이 거기서 시작하고 거기서 나타납니다.

아이들은 말을 배우며 삶을 배우고 세상을 배웁니다. 그들은 그렇게 말을 만들어 가며 삶을 만들어 가고 자신이 살아갈 세계를 만들어 가지요. '생각교과서―열린교실' 시리즈를 준비하며, 우리는 새로운 삶을 준비하는 모든 사람들, 아이로 돌아간 모든 사람들에게 새롭게 말을 배우자고 말하고자 합니다.

무엇보다 삶의 변성기를 경험하고 있는 십대 친구들에게 언어의 변성기 또한 경험하라고 말하고 싶습니다. 그래서 자기 삶에서 언어의 새로운 의미를 발견한 분들에게 그것을 들려 달라고 부탁했습니다. 사전에 나오지 않는 그 말뜻을 알려 달라고요. 생각한다는 것, 탐구한다는 것, 기록한다는 것, 읽는다는 것, 느낀다는 것, 믿는다는 것, 논다는 것, 본다는 것, 잘 산다는 것, 사람답게 산다는 것, 그린다는 것, 관찰한다는 것, 말한다는 것, 이야기한다는 것, 기억한다는 것……. 이 모든 말의 의미를 다시 물었습니다. 그리고 서로의 말을 배워 보자고 했습니다.

'생각교과서―열린교실' 시리즈가 새로운 말, 새로운 삶이 태어나는 언어의 대장간, 삶의 대장간이 되었으면 합니다. 무엇보다 배움이 일어나는 장소, 학교 너머의 학교, 열려 있는 교실이 되었으면 합니다. 우리 모두가 아이가 되어 다시 발음하고 다시 뜻을 새겼으면 합니다. 서로에게 선생이 되고 서로에게 제자가 되어서 말이지요.

고병권

차례

내 뇌에서
어떤 일이 벌어질까?

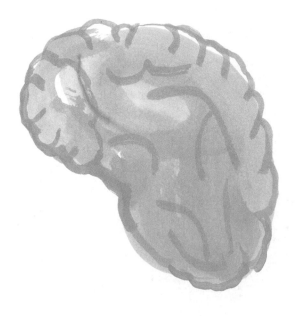

치과 병원에 가 본 적 있나요? 치과라는 말만 들어도 충치 치료용 드릴이 내는 지이이잉 하는 소리가 생생하게 들리는 것 같지 않나요? 병원에서 나는 특유의 소독 냄새도 나는 듯하고요. 치과에 간 지 오래되었더라도 이런 기억은 생생하게 떠오르는 편이죠. 이를 뽑을 때 나던 뿌득 하는 소리와 아팠던 기억은 오래도록 잊히지 않아요. 그에 반해 선생님이 챙겨 오라고 한 준비물은 무엇이었는지, 집에 오면 기억이 가물가물하지요. 시험 문제를 풀 때도 마찬가지죠. 기억이 잘 안 나 쩔쩔매다가, 답안지를 제출하고 나서야 "아! 생각났다!" 한 적 있지 않나요?

모두 기억과 관련된 일이죠. 이런 경험이 있다면 이제부터 제가 하는 얘기가 흥미로울지도 모르겠어요. 시험공부할 때 말고도 기억은 쓰임새가 많으니까요. 학교를 찾아가고, 집에 다시 돌아올 때도 기억이 중요하죠. 학교에 가서 친구들의 얼굴과 이름을 떠올리고, 누가 나랑 친한지 아니면 여전히 서먹한지도 기억이 있어야 알 수 있어요. 심지어 내가 누구인지도 기억을 해야 하니 기억은 없어서는 안 되는 필수적인 뇌의 기능입니다.

기억은 우리 인간에게뿐 아니라 동물에게도 중요해요. 길고양이라면 사료와 마실 물을 챙겨 주는 상냥한 사람과 종종 길고양이를 괴롭히는 나쁜 사람을 구별해서 기억하고 혼동하면 안 되겠죠. 냄새, 발걸음 소리, 덩치가 큰지 작은지, 주로 언제 근처로 오는지 등을 잘 기억해 두어야 할 거예요.

얼마 전에 건강검진받으러 병원을 갔었는데요. 병원 안내데스크에서 가정의학과 위치를 물어서 찾아갔어요. 대기실에서 기다리면서 좀 전에 안내를 해 줬던 사람의 모습을 떠올렸어요. 갈색 양복 상의를 입고 있었는데, 연한 갈색으로 염색한 짧은 머리가 독특하다고 생각했어요. 진료를 다 받고 나가는 길에 다시 그분을 보니 당황스럽게도 머리카락 색이 검은색이었어요. 양복 상의는 갈색이 맞았지만, 머리카락 색은 좀 전에 대기실에서 제가 떠올렸던 염색한 갈색과는 전혀 다른 검은색이었던 거죠.

여러분도 기억을 잘하려고 애쓴 적이 있을 거예요. 어렴풋한 기억을 떠올리려고 애쓴 적이 있겠죠. 컴퓨터나 스마트폰에 무언가를 저장하고 불러오는 것과 우리가 기억하고 떠올리는 것은 다르다고 느꼈을 거예요. 우리의 기억은 불완전하죠. 금방 잊어버리기도 하고, 겨우 기억했는데 뭔가 불충분하거나 조금씩 달라지기도 하고요. 좀 전에 봤는데도 검은 머리카락 색을 갈색이라고 착각하는 것처럼 전혀 다른 장면을 떠올리고 확신하기도 해요.

길고양이가 상냥한 사람과 나쁜 사람을 구별하려면, 또 우리가 시

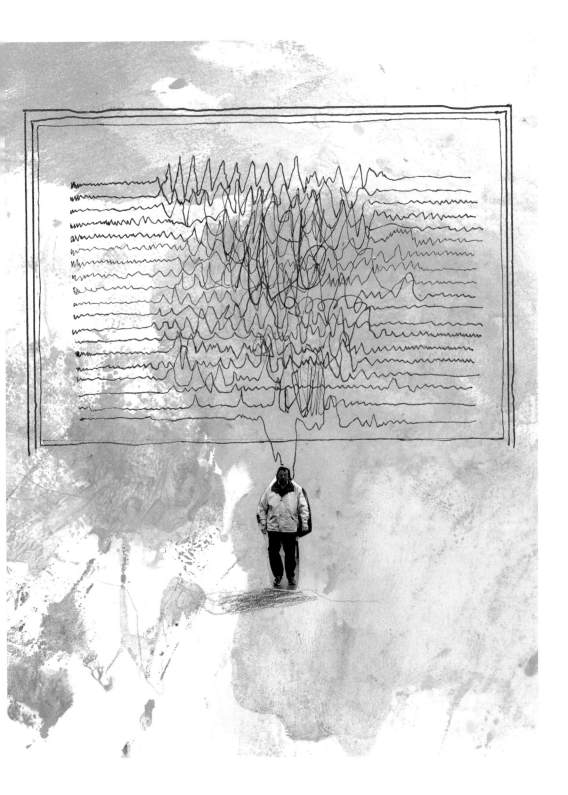

험을 잘 보려면, 컴퓨터처럼 주변에서 일어나는 모든 일을 완벽하게 똑같이 기억하면 좋을 텐데 왜 그렇지 않을까요?

우리는 컴퓨터와는 달리 살아 있는 존재이고, 살아 있는 생명은 끊임없이 변해요. 키가 크기도 하고, 체중이 늘어나기도 하고, 매일 매일 머리카락과 손톱이 자라기도 하죠. 신경세포로 이루어진 우리의 뇌도 마찬가지입니다. 태어나서 어른이 되기까지 엄청나게 많은 신경세포가 새로 태어나요. 새로 생겨나는 한편 죽기도 해요. 생겨나고 죽는 과정에서 신경세포는 다른 신경세포와 신호를 주고받으며 연결합니다. 어른이 되고 나서도 우리의 뇌는 가만히 고정되어 있지 않고 신경세포 사이의 연결이 끊임없이 변화합니다. 새로운 연결이 생기기도 하고, 없어지기도 해요. 그렇게 뇌 자체가 변하니 기억도 불완전할 수밖에 없겠죠.

변화는 자연스러울 뿐만 아니라, 새로운 기억을 받아들이기 위해서도 필요합니다. 변하지 않으면 새로운 것을 기억할 수 없어요. 변화를 통해 기억한다는 것은 백지에 새로 무언가를 기록하는 것과는 달라요. 우리의 뇌는 컴퓨터 저장 장치의 남은 공간이나 쓰다 남은 스케치북의 뒷장처럼 하얀 백지가 아니거든요. 우리의 뇌는 자꾸 덮어 쓰고, 고치고, 추가하고, 앞뒷장을 연결하기도 하고, 필요 없는 것은 지우기도 하는 방식으로 기억합니다.

저는 뇌에서 어떤 변화가 일어나는지, 어떻게 일어나는지 관심이 많습니다. 뇌 안에서 어떤 일이 벌어지길래 좀 전에 보고 들은 것은 그렇게 쉽게 잊어버리면서, 옛날에 있었던 어떤 기억은 생생하게 떠올릴 수 있는지 말이에요. 기억할 때 우리의 뇌에서 어떤 일이 벌어지는지 그동안 제가 공부해 온 것을 여러분에게 이제부터 들려 드릴게요.

신경세포 간의
연결로 기억한다

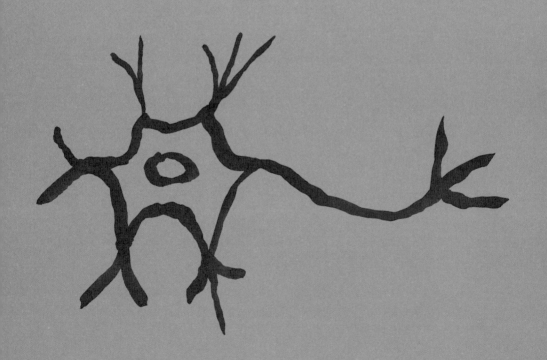

우리 몸은 세포로 구성되어 있다

대학교 1학년 생물 수업의 첫 시간에 있었던 일이에요. 교수님이 자기소개를 하시고는 하얀 가루가 들어 있는 유리병을 보여 주셨습니다. "이 하얀 가루가 생물을 이루고 있는 물질과 같은 것이다. 즉 생물을 분해하면 이런 하얀 가루가 된다. 그러므로 이걸 잘 조합하면 곧 식물, 동물은 물론이고, 사람도 만들 수 있다."라고 하셨어요. 잠깐의 웅성거림이 있었지만, 교수님은 계속 말씀을 이어 가셨습니다. "앞으로 여러분이 배우게 될 것은 생명의 신비나 특별함이 아니다. 이런 물질로 이루어진 생물이 어떻게 에너지를 흡수하고 소모하며 살아가는지에 대해서 배울 것이다."라는 말씀으로 생물학에 대한 강한 기억을 저에게 심어 주셨습니다.

교수님이 가져오신 하얀 가루로 사람도 재조합할 수 있다면, 생물학 수업 첫 시간에 대한 기억도 마찬가지일까요? 다시 말해, 하얀 가루를 잘 조합하기만 하면 기억을 똑같이 불러낼 수 있을까요? 하얀 가루가 무엇이길래 교수님이 그런 말을 과감히 했을까요? 우리 몸을 구성하고 있다는 그 하얀 가루에 대해 먼저 이야기해 보죠.

사람의 몸 60%가 물로 이루어져 있다는 말을 들어 봤겠죠. 우리는 하루도 빠짐없이 물을 마셔야 하죠. 그러지 않으면 목이 말라 견딜 수 없어요. 밥도 먹어야 하죠. 탄수화물, 단백질, 지방 같은 영양소를 고루 섭취해야 해요. 그러지 않으면 배도 고프고, 뼈나 근육이 성장하지 못합니다. 사람을 구성하는 물질은 우리가 늘 먹고 마시는 물, 밥, 채소, 고기와 다르지 않아요. 교수님이 보여 준 하얀 가루는 아마 대부분 탄수화물이었을 거예요. 하지만 이런 영양 물질이 곧 생물은 아닙니다. 살아 있다고 표현하려면 세포의 형태로 이루어져야 하죠.

　다시 말해 물질로 이루어진 생물은 살아 있는 세포들의 덩어리라고 할 수 있어요. 하나의 세포가 곧 하나의 개체인 박테리아 같은 생명체도 있고요. 각각 다른 일을 하는 세포들이 모여 하나의 개체를 이루는 다세포 생물도 있어요. 다세포 생물은 여러 가지 다양한 세포들이 조화롭게 각자 일을 잘해야 살아갈 수 있어요. 사람은 다세포 생물입니다. 지방이 두둑한 배에는 지방세포가, 운동선수의 탄탄한 근육에는 근육세포가 있죠. 우리의 뇌에는 신경세포가 있습니다.

뇌는 몸의 다른 부분과 다르다

지방세포는 비상시 사용할 에너지를 저장해 둘 뿐만 아니라, 지방을 태워 나는 열에너지로 추위를 견딜 수 있게도 해 줍니다. 근육세포는 움직이라는 명령 신호가 들어오면 수축해서 길이가 짧아져요. 무거운 물건을 들 수 있는 것은 팔 근육의 여러 근육세포가 동시에 수축하기 때문입니다. 세포가 하는 일이 그대로 장기가 하는 일에 반영돼요. 먹고, 배출하고, 움직이고, 영양분을 저장하는 등, 대부분은 세포 수준에서 일어나는 일을 확장해서 해석하면 바로 우리가 살기 위해 하는 모든 일이 됩니다. 세포 덩어리가 조화롭게 일을 하면 그걸로 충분한 거죠.

뇌는 수많은 신경세포가 서로 얽히고설켜 있는 덩어리입니다. 뇌는 어떤 일을 하나요? 생각하기, 꿈꾸기, 기억하기, 계산하기, 상상하기 등등 셀 수 없이 많은 일을 하죠. 그렇다면 신경세포가 하는 일이 그대로 반영되어 뇌가 하는 일이 되는 걸까요? 상상하는 신경세포, 계산하는 신경세포가 따로 있을까요? 그랬다면 뇌와 마음의 신비는 쉽게 풀렸을 거예요.

뇌가 어떤 방식으로 작동하는지 알아내기

위해 많은 과학자들이 연구했어요. 신경세포와 뇌는 근육이나 지방 같은 다른 조직이 작동하는 방식과 사뭇 달랐어요. 근육이 작동하는 방식을 이해하는 것은 근육세포가 수축하는 원리를 이해하는 것과 크게 다르지 않아요. 하지만 뇌가 작동하는 방식을 이해하는 것은 단순하게 신경세포가 하는 일을 이해하는 것만으로 가능하지 않아요. 그렇다고 해서 신경세포가 하는 일과 전혀 상관없지는 않아요. 뇌가 생각하기, 꿈꾸기, 기억하기, 계산하기, 상상하기 등등을 잘 해내고 있는 것은 신경세포가 긴밀하게 연결되어 일하고 있기 때문입니다. 그렇기에 뇌의 작동 원리를 알기 위해 먼저 신경세포가 하는 일을 이해할 필요가 있습니다.

신경세포는 뒤집을 수 없다

신경세포가 하는 일은 아주 단순해요. 신호를 받고, 받은 신호를 처리해, 다시 내보내는 것입니다. 신경세포는 다른 세포와 다르게 방향성을 띠고 있어요. 지방세포나 근육세포는 앞뒤 좌우 구분이 없습니다. 위아래로 뒤집어도, 좌우로 뒤집어도 세포가 하는 일에는 변함이 없다는 말이지요. 하지만 신경세포는 뒤집을 수 없습니다. 신호를 받는 쪽과 신호를 내보내는 쪽이 명확히 구분되어 있기 때문이에요. 신호를 받는 방향과 내보내는 방향이 뒤집히면 신경세포는 제대로 일을 할 수 없습니다.

텔레비전이 벽을 향해 뒤집혀 있다고 생각해 봐요. 텔레비전은 제 기능을 못 하죠. 신호를 내보내는 화면 쪽이 우리를 향해 있어야, 우리가 영상을 볼 수 있어요. 반대로 방송 신호가 들어오는 케이블은 텔레비전의 뒤쪽에 제대로 연결해야 방송이 나오죠.

신경세포가 신호를 받는 쪽은 '가지돌기'라고 합니다. 세포에서 나뭇가지처럼 뻗어 나와 있어서 그런 이름이 붙었죠. 여러 군데에서 신호를 받을 수 있도록 여러 개의 가지가 뻗어 나오기도 해요. 여러 방송국에서 방송 신호를 받을 수 있는 것과 비슷하죠.

신경세포에서 신호를 내보내는 쪽은 '축삭'이라고 해요. 가지돌기와는 다르게 축삭은 하나만 뻗어 나옵니다. 한 번에 하나의 방송 화면만 볼 수 있는 거죠. 신경세포는 신호를 여러 곳에서 동시에 받지만, 하나의 신호로만 처리해서 내보냅니다. 우리는 음악을 들으면서 동시에 엄마 말도 들을 수 있죠. 하지만 두 사람에게 서로 다른 이야기를 동시에 할 수는 없어요. 얼굴과 입이 두 개인 야누스가 아니고서야, 한 번에 한 가지 이야기만 할 수 있죠. 신경세포도 마찬가지로 축삭은 하나만 뻗어 나옵니다.

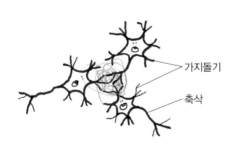

가지돌기

축삭

신경세포가 신호를 받는다고 해서 항상 신호를 내보내는 것은 아닙니다. 한 신경세포의 가지돌기로 여러 군데에서 신호가 들어오지만, 매번 신호가 들어올 때마다 신호를 내보내는 것은 아니라는 거예요. 신호를 받은 신경세포가 신호를 내보내는 다음 단계로 넘어가기 위해서는, 어느 수준 이상으로 강한 신호가 들어와야 합니다. 마치 엄마가 조용한 목소리로 청소하라고 하면 움직이지도 않다가, 큰 소리를 내거나, 아빠마저 청소하라고 하면 그제야 움직이는 것과도 같죠. 신호를 처리하는 장치로서 신경세포는 들어오는 정보를 종합하여 신호 세기 정도를 조사합니다. 어느 수준 이상으로 신호가 세다면, 다시 신호를 내보내는 관문 같은 역할을 합니다.

신경세포는 세 가지 종류로 나눌 수 있어요. 몸의 외부에서 들어오는 자극을 받아들이는 감각신경이 있고요. 근육에 수축 명령을 내리는 운동신경도 있죠. 감각신경과 운동신경 사이에서 신호를 전달하는 중간신경도 있어요.

감각신경은 신호를 받는 쪽인 가지돌기가 바깥쪽으로 향해 있어요. 보는 것, 듣는 것, 만지는 것, 맛보는 것, 냄새 맡는 것 모두 감각신경이 하는 일입니다. 시각, 청각, 촉각, 미각, 후각 신호를 받아 우리 뇌로 전달하죠.

운동신경은 근육에 명령을 내려야 하니, 신호를 보내는 쪽인 축삭이 바깥쪽으로 향해 있어요. 운동신경이 근육세포에 신호를 전달해,

근육이 움직일지, 얼마나 빠르고 강하게 움직여야 하는지 명령을 내립니다.

감각신경과 운동신경을 제외한 모든 신경세포는 중간신경입니다. 중간신경은 신경세포와 신경세포 사이에서 신호를 전달해요. 감각신경이나 다른 신경세포에서 들어오는 신호를 받고, 다시 운동신경이나 다른 신경세포로 신호를 내보냅니다.

모든 신경세포는 흥분과 안정, 두 가지 상태 중 하나입니다. 컴퓨터가 0과 1이라는 이진법으로 계산하는 것에 신경세포의 상태를 대입할 수 있죠. 어느 수준 이상의 자극이 들어오기 전까지 신경세포는 0, 즉 안정 상태에 머무르고 있어요. 입력 신호 자극이 일정 수준을 넘는 순간 1로 상태가 변해 흥분하게 됩니다. 흥분한 신경세포는 다음 신경세포로 신호를 전달해요.

우리 몸에서 가장 단순한 신경 회로는 감각신경과 운동신경 사이에 중간신경이 하나 있는 경우예요. 몸으로 들어온 감각 입력이 다시 운동 반응이라는 출력으로 나가는 신경 회로입니다. 그 외의 신경 회로는 감각과 운동 사이에 중간신경이 두 개 이상이에요. 그러니까 뇌와 척수에 있는 대부분의 중간신경은 중간신경끼리 신호를 주고받고 있는 거죠.

중간신경이 엄청나게 모여 있는 세포 덩어리가 바로 뇌입니다. 중간신경끼리 신호를 주고받으며 뇌는 생각하기, 꿈꾸기, 기억하기, 계산하기, 상상하기 등의 일을 해내고 있는 것이죠.

신경세포는 어떻게 연결되어 있나?

뇌 안에 있는 신경세포가 어떻게 생겼는지 관찰할 수 있는 기술을 개발한 사람은 이탈리아의 해부학자 골지입니다. 1873년에야 이걸 해낼 수 있었는데요. 현미경이 등장한 지 꽤 오래되었지만 신경세포가 복잡해서 현미경으로 제대로 관찰하기 힘들었죠. 일반적인 방법으로는 신경세포에서 그물망처럼 복잡하게 뻗어 나온 가지들을 구별할 수 없었기 때문입니다.

골지는 우연하게도 신경세포를 검은색으로 염색하는 방법을 개발해요. 게다가 신경세포가 전부 염색되는 것이 아니라 아주 드물게 일부 신경세포만 까맣게 염색되었죠. 뇌는 수많은 축삭과 가지돌기가 서로 꼬여 실타래처럼 얽히고설켜 있어요. 운 좋게 일부 신경세포만 검은색으로 도드라져 관찰할 수 있는 염색법을 골지가 개발했던 거죠.

자신의 이름을 따서 골지 염색법이라고 이름 붙인 이 방법을 골지는 여러 사람에게 가르쳐 줍니다. 스페인의 해부학자 카할도 그중한 사람이었죠. 카할은 뇌의 여러 부위를 골지 염색법으로 염색했고, 검은색으로 염색된 신경세포를 관찰하여 그 모양을 그림으로 기록해 두었어요. 어떤 신경세포는 동그랗게 생긴 몸체에서 가지돌기와 축삭이 뻗어 나오고, 다른 신경세포는 몸체가 삼각형 또는 피라미드 모양이고, 또 다른 신경세포는 조롱박처럼 생겼다는 걸 알게되죠.

골지와 카할은 동시대에 같은 방법으로 신경세포를 관찰하고 기록하면서 서로의 연구 결과를 보고 생각을 교환했어요. 그렇지만 뇌속의 신경세포가 어떻게 연결되어 구성되어 있는지에 대한 두 사람의 생각은 너무나도 달랐습니다.

골지는 모든 신경세포가 하나로 연결되어 있다고 주장했어요. 우리가 '나'로 생각하는 존재는 단 하나죠. '나'라는 자아는 뇌에 있는 신경세포에서 만들어지기 때문에 신경세포도 당연히 하나로 연결되어 있어야 한다는 거죠.

카할은 생각이 달랐어요. 우리 몸의 다른 근육세포나 지방세포처럼 신경세포도 서로 떨어져 있다고 생각했죠. 신경세포만 특별하게하나의 신경세포에서 그 많은 가지를 뻗고 있을 필요가 없다는 견해였죠. 떨어져 있는 대신 신경세포가 서로 긴밀하게 신호를 주고받기때문에, 신경세포 덩어리인 뇌가 제 역할을 충분히 할 수 있다고 생각했죠.

골지가 주장한 대로라면 신경세포의 방향성이 없어져 버려요. 즉우리 몸의 모든 신경세포가 하나로 연결되어 있다면 신호를 받는 가지돌기와 신호를 내보내는 축삭을 명확히 구분할 수 없게 되죠. 골지가 살던 시대에는 가지돌기나 축삭이라는 개념이 명확하지는 않았어요. 혈액이 막힘없이 순환하는 혈관처럼 신경 신호도 막힘없이 흘러야 한다고 골지는 생각했죠.

쉴 새 없이 혈액이 흐르는 혈관의 역할은 태어나서 죽을 때까지 변하지 않아요. 온몸 구석구석 영양분을 공급하고, 노폐물을 씻어 내고, 산소를 공급하는 일은 변할 수 없죠.

그런데 뇌가 하는 일 또는 마음이 하는 일은 어떤가요? 어제는 기분이 우울했지만, 자고 일어난 오늘 아침엔 기분이 좋아지기도 하죠. 기분뿐만 아니라 생각하는 방식이 변하기도 하죠. 과학 시간에 분자구조를 배우고 나면, 물을 마실 때 H_2O라는 분자식이 떠오르기도 하고, 지구환경에 대해 배우고 나면 빗물과 강과 바다의 물순환이 생각나기도 하죠.

외부에서 끊임없이 감각 정보가 뇌로 들어옵니다. 감각 정보를 쉬지 않고 처리하면서, 뇌는 어떤 정보를 저장하기도 하고 어떤 정보는 무시해 버리기도 합니다. 만약 모든 신경세포가 하나로 이어져 있다면, 다시 말해 막힘없이 뚫려 있는 수도관 형태라면, 정보를 선택하여 저장할 수 있을까요? 정보를 단순히 흘려보낼 수만 있을 겁니다.

집이나 공장의 기계는 전기가 있어야 작동하죠. 전기는 발전소에서 생산됩니다. 생산된 전기가 집이나 공장에 들어오는 과정에서 스위치가 하나도 없다고 상상해 보세요. 기계에도 스위치가 없다고 상상해 보세요. 발전소가 활발하게 돌아가면 모든 기계가 켜졌다가, 발전소가 느긋하게 돌아가면 발전소에서 멀리 있는 기계부터 꺼지겠죠. 하필 병원이 발전소에서 멀다면 어떻게 될까요? 환자 치료를 위해 쓰는 기계가 켜졌다 꺼졌다 할 텐데, 그렇다면 환자의 목숨이 위태롭겠죠. 스위치를 달면 어떻게 될까요? 당장 쓸 필요 없는 기계를 꺼 둔다면, 멀리 있는 기계라도 발전소의 전기 생산량과 상관없이 켤 수 있겠죠.

모든 신경세포가 하나의 통로로 연결되어 있다면 "움직여."라는 신호를 보낼 때마다 온몸의 근육이 수축할 수밖에 없어요. 신경계가 아예 없거나 아주 단순한 동물은 움직이거나 움직이지 않는 아주 단순한 운동만 할 수 있어요. 여기에 방향을 바꿀 수 있다 하더라도 먹이가 있는 쪽으로 가까이 다가가고, 해로운 것으로부터 도망가는 정도로만 움직일 수 있죠. 그러니까 지금 당장 감지할 수 있는 것에만 반응할 수 있을 뿐이에요.

우리 몸에 있는 신경세포가 100,000,000,000개, 즉 천억 개 정도 된다고 해요. 컴퓨터 저장 단위를 부르는 방식으로 말하자면 100기가비트 정도입니다. 우리 태양계가 속한 은하의 별도 천억 개 정도예요. 이렇게 많은 신경세포가 모두 하나로 이어져 뇌가 하는 복잡

한 일을 하고 있다고 생각하기 힘들죠.

신경세포가 긴밀하게 연결되어 있긴 하지만 하나로 이어져 있는 건 아니라는 카할의 생각이 결국 옳다고 증명되었습니다. 반세기가 더 지나 개발된 전자현미경 덕분이었죠. 전자현미경으로 보니 신경 세포 축삭 말단이 다른 신경세포 가지돌기에 아주 좁은 틈을 두고 밀접하게 연결되어 있었습니다. 이 좁은 틈을 시냅스라고 해요.

신경세포가 서로 연결되는 지점의 개수는 신경세포의 수보다 훨씬 많아요. 정확하진 않지만, 현재 과학자들이 추정하기로 우리의 뇌 안에는 1,000,000,000,000,000개 정도의 연결점이 있다고 합니다. 천억 개의 신경세포의 수보다 만 배 많은 거죠. 하나의 신경세포가 만 개의 다른 신경세포와 연결되어 있다고 생각할 수도 있어요. 바로 이렇게 많은 연결점을 통해 신경세포는 신호를 받고 내보내는 일을 합니다.

귀엣말하듯이 신호를 주고받는다

시냅스는 연접이라고도 하는데, 빈틈없이 밀접하게 연결되어 있다는 의미입니다. 모든 신경세포가 하나로 이어져 있다고 골지가 착각할 정도로 연접의 틈이 좁아요. 신경세포 말고 다른 세포들도 서로 의사소통은 하지만, 신경세포처럼 아주 긴밀하게 연결된 경우는 드물죠. 더욱이 연결 자체를 위해 세포의 일부가 변형되어 시냅스처럼 구조가 형성되어 있는 경우는 거의 없어요.

시냅스를 통해 신경세포가 신호를 주고받는 일은 어떤 식으로 일어날까요? 시냅스에서 신호를 내보내는 신경세포에서는 신경전달물질이라고 하는 일종의 호르몬 같은 물질이 분비되어요. 신경전달물질이 신호를 받는 신경세포에 가서 수용체(수신기)를 자극하면 신호가 전달됩니다.

신경전달물질

교실 반대쪽에 앉아 있는 친구에게 "오늘 학교 마치면 떡볶이를 먹자."라는 말을 전하고 싶다고 해 보죠. 요즘은 스마트폰 메시지를 보내면 되겠지만, 신경세포처럼 옆에 있는 친구부터 차례대로 메시지를 전달한다고 해 봅시다.

신경세포가 신호를 전달하는 방식은 귀엣말로 속삭이는 것에 가까워요. 그것도 들릴락 말락 하게요. 시냅스는 틈이 아주 좁아서 신경전달물질이 다른 곳으로 새어 나가지 못하고, 연결된 신경세포에만 신호가 전달될 수 있어요. 귀엣말할 때 옆에 있는 딴 친구는 듣지 못하는 것처럼요. 어떤 친구는 귀엣말도 또박또박 말해서 전달이 잘 될 수 있고요, 어떤 친구는 귀가 예민해서 작게 말해도 잘 들을 수도 있겠죠. 어떤 친구는 메시지 내용을 변경할 수도 있겠고요. 심지어 뒤에 있는 누군가가 조용히 하라며 메시지 전달을 방해할 수도 있습니다. 하지만 메시지를 여러 번 반복해서 보낸다면 처음엔 잘 안 들렸어도 점점 잘 알아들을 수 있겠죠. 신경세포 사이에서 일어나는 일도 이와 비슷해요.

신호를 받는 신경세포 입장에서는 일정 수준을 넘겨야 흥분 상태로 변환되어 다음 신경세포로 신호를 내보내겠죠. 아주 작게 말해서 떡볶이라는 말이 안 들리거나, 들렸더라도 본인이 떡볶이를 먹고 싶지 않다면 그냥 메시지를 무시해 버리고 전달하지 않을 수도 있겠죠.

메시지를 명확하게 보내기 위해 여러 번 반복해서 보낼 수도 있지만 어떤 친구가 이제 그만하라며 짜증을 내거나, 시큰둥해지면 제대로 전달이 안 될 수도 있어요.

신경세포 간의 신호 전달에서도 비슷한 일이 벌어집니다. 반복해서 신경전달물질이 분비되면, 신호를 받는 신경세포가 더 쉽게 흥분 상태에 이르게 됩니다. 반대로 반복된 신호에 신경전달물질이 고갈되거나, 신호를 받는 신경세포의 수신기가 약화되어 시냅스 연결이 약해지기도 해요.

세포 간의 소통이 이뤄지는 과정 자체가 기억이다

귀엣말할 때는 말하는 사람이 얼마나 잘하느냐도 중요하지만, 듣는 사람이 얼마나 귀를 잘 기울이느냐도 중요합니다. 귀엣말로 메시지를 전달할 때, 메시지를 받는 친구도 떡볶이를 좋아한다면, 게다가 마침 떡볶이 생각을 하고 있었다면, 귀엣말 전달이 수월해집니다. 만약 메시지를 받는 친구가 책 읽는 데 집중하고 있다면 건성으로 듣겠죠.

다음번에 떡볶이를 먹자는 메시지를 전달할 때는 잘 들었던 친구를 통해 전달하려 하지 책에 집중하고 있었던 친구를 통해 전달하려고 하진 않을 거예요. 메시지를 전달하는 친구 간의 연결이 변화된 것이죠.

신경세포 사이의 신호 전달에서도 비슷한 일이 일어납니다. 신경세포의 연결을 중요시하며, 시냅스에서 일어나는 변화에 주목한 사람 중에 도널드 헵이라는 심리학자가 있었는데요. 헵은 "같이 흥분하면, 같이 연결된다."라고 주장합니다. 신경세포가 신호를 내보기 위해서는 흥분한 상태여야 하는데 여기에 더해 신호를 받는 신경세포도 흥분 상태라면 시냅스 연결이 강화된다는 얘기죠. 떡볶이라는 메시지에 같이 흥분한 친구끼리 다음엔 소통이 더 원활해지는 것과 같죠.

연접 또는 시냅스라고 부르는 곳에서 일어나는 변화가 결국 뇌에서 일어나는 일을 설명하는 핵심 규칙입니다. 변화의 규칙을 도널드 헵의 이름을 따서 헵의 규칙이라고 해요.

우리의 기억은 헵의 규칙에 따라 신경세포 간의 연결의 변화를 통해서 형성됩니다.

떡볶이를 먹자는 메시지를 전달했던 친구 경로를 생각해 보죠. 메시지 전달하는 데 성공했던 친구 경로라면 다음번에 메시지를 전달할 때도 같은 경로를 사용할 겁니다. 이 친구 경로가 하나의 '떡볶이 네트워크'를 형성하는 거죠. 신경세포에서도 시냅스 연결이 강화된 신경세포끼리 네트워크를 형성하며 기억 흔적을 형성합니다.

어느 날 떡볶이 네트워크의 친구들이 떡볶이에 싫증 나서 메시지를 전달하지 않는다면 어떻게 될까요? 떡볶이 메시지를 전달하던 친구가 다른 자리로 옮기거나, 이제 메시지를 아예 전달하지 않겠다고 선언할 수도 있어요. 그럼 떡볶이 네트워크는 와해되겠죠. 마찬가지로 시냅스 연결이 약화된다면 신경세포 네트워크가 변하며, 형성되었던 기억 흔적도 사라집니다. 기억을 잊어버리게 되는 거죠.

신경세포의 연결은 강화되거나 약화될 뿐만 아니라, 새로 생기기도 하고, 없어지기도 합니다. 새로 온 전학생이 떡볶이 메시지를 전달하는 친구 자리 옆에 앉게 되었다고 해 보죠. 전학생에게 떡볶이 좋아하냐고 같이 먹자고 해 볼 수 있습니다. 운 좋게 전학생이 떡볶이를 먹고 싶어 한다면, 새로운 친구 연결이 생기는 겁니다.

떡볶이 메시지 전달 네트워크가 형성되는 동안, 반의 다른 한쪽에서는 순대 메시지 전달 네트워크가 형성되었다고 해 보죠. 순대라는

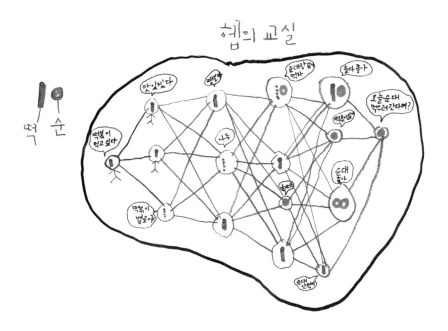

메시지에 반응하는 친구들입니다. 그런데 분식집에 가면 둘 다 먹을 수도 있지 않나요? 둘 다 먹고 싶은 친구는 떡볶이 메시지와 순대 메시지 모두에 반응할 뿐만 아니라, 한쪽에서만 메시지가 들어오더라도 귀엣말을 양쪽 다 전달하고 싶을 거예요. 떡볶이 메시지를 들으면, 떡볶이 메시지뿐만 아니라, 순대 메시지도 전달하는 거죠. 그래야 분식집에 갔을 때 양쪽 친구들 사이에서 떡볶이와 순대를 동시에 즐길 수 있을 테니까요.

그런데 한 번에 하나의 메시지만 전달해야 한다는 제약이 있으면 어떻게 해야 할까요? "오늘 학교 마치면 떡볶이랑 순대 먹자."라고 떡볶이-순대라는 하나의 메시지로 엮어, 다음 친구들에게 한 번에 전달하면 됩니다. 그러면 떡볶이라는 메시지가 시작되어도, 순대라는 메시지가 돌게 되고, 순대라는 메시지가 시작되어도, 떡볶이라는 메시지가 돌게 됩니다. 떡볶이와 순대 모두를 좋아하는 친구에 의해 떡볶이와 순대는 연관 메시지가 된 겁니다.

우리의 기억에서도 이런 신경세포 덕에 연관 기억이라는 현상이 생깁니다. 노래를 들으면, 그 노래를 인상 깊게 들었던 상황이 떠오르는 경험이 있죠? 노래와 당시의 상황이 연관 기억되어서 그런 겁니다.

신경세포마다 신호 자극에 반응하는 정도는 다릅니다. 어떤 신경세포는 쉽게 흥분하기도 해요. 떡볶이의 뜨어~만 나와도 떡볶이 메시지로 오해하고, 떡볶이 먹을 생각에 들뜨는 것처럼요. 이런 신경세포의 기능은 생존에 유용합니다. 호랑이 무늬와 비슷한 것을 멀리서 어렴풋하게 보았을 때, 호랑이인지 아닌지 긴가민가하다면 호랑이라고 빠르게 판단하고 도망치는 것이 안전하게 살아남는 방법이죠.

이와는 반대로 웬만한 자극에는 흥분하지 않고 여러 군데에서 동시에 신호 자극이 들어와야 겨우 흥분하는 신경세포도 있어요. 순대를 먹고 싶어 하더라도, 순대를 뭐에 찍어 먹을지 꼼꼼하게 따지는 친구도 있죠? 소금이 아닌 막장을 고집하는 친구라면, 막장에 찍어 먹는 순대라고 해야 메시지 전달에 참여할 거예요. 서로 비슷하지만 다른 것을 구별할 때, 쉽게 흥분하지 않는 신경세포가 제 역할을 합니다.

연결되지 못한 기억은 금방 사라진다

등하굣길에서 친구의 뒷모습을 보고 친구 이름을 떠올리는 과정을 신경세포 경로로 상상해 봅시다. 친구의 뒷모습이 눈에 들어오면 시각 정보가 되어 뇌로 들어옵니다. 우리의 뇌는 뒷모습 이미지를 시각 정보를 처리하는 구역으로 보내서 특징을 추출합니다. 키, 등에 멘 가방, 걸음걸이, 신발, 옷 등등을 뇌에서 따로 해석하는 거죠. 추출되고 해석된 특징은 친구에 대한 기억이 있는 구역으로 넘어갑니다.

기억 구역에서 이미 알고 있는 친구의 특징과 비교하고, 친구의 특징을 저장하고 있던 신경세포 네트워크가 활성화됩니다. 떡볶이 메시지를 전달하는 것처럼 뒷모습의 특징이 시냅스를 통해 전달됩니다.

키, 등에 멘 가방, 걸음걸이, 신발, 옷 같은 특징 신경세포가 친구의 특징을 저장하고 있던 신경세포와 성공적으로 연결된다면, 뒷모습만으로 친구가 맞다고 판단할 거예요. 그러면 친구의 이름을 저장하고 있는 신경세포가 활성화됩니다.

눈으로 들어온 뒷모습 시각 정보로부터 친구를 확신하고 이름을 떠올리는 과정은 수많은 신경세포를 거쳐 신호가 전달된 덕에 가능한 일입니다. 신호를 거쳐 간 신경세포를 한 묶음으로 '친구 네트워크'라고 부를 수 있어요. 친구 네트워크는 친구의 모습에 반응하여 이름을 떠올리는 방향만이 아닌 여러 방향으로 작동할 수도 있어요. 친구의 이름을 떠올리면 친구의 특징적인 모습이 머릿속에서 보일 듯하죠. 이렇듯 신경세포 네트워크는 서로 쌍방향으로 작동할 수 있어요. 떡볶이를 생각하면 순대도 생각나고, 순대를 생각하면 떡볶이도 생각나는 것처럼요.

친구를 만났을 때 단순히 이름만 생각나진 않을 거예요. 물론 오랜만에 만난 친구라면 이름도 생각 안 날 수 있겠지만. 친구 얼굴을 보고 떠오르는 것은 좀 더 광범위하죠. 친구에게 빌려줬다 못 받은 책이 갑자기 생각날 수도 있고요. 교실에서 장난치다 다쳐 양호실과 병원에 같이 갔던 기억이 떠오를 수도 있죠. 친구를 중심으로 연결된 기억들이 의식적으로, 무의식적으로 활성화될 겁니다. 친구의 기억과 연결된 신경세포들이 저절로 활성화되기 때문이죠.

신경세포 네트워크는 특정 인물에 대해서만 형성되는 것이 아니라, 좀 더 넓고, 느슨한 방식으로도 형성될 수 있어요. 친구라는 단어를 들으면 무엇이 떠오르나요? 가장 친한 친구의 얼굴이 떠오르나요? 예전에 같은 반이었지만, 지금은 연락이 뜸한 친구의 얼굴이 어렴풋하게 떠오를 수도 있을 거예요. 아니면 좋아하는 만화나 드라마에서 친구 관계인 주인공들의 모습이 생각날 수도 있겠죠. 이런 느슨한 연결도 뇌에서는 유지되고 있습니다.

모든 기억은 홀로 고립되어 있을 수 없어요. 마치 사람이 홀로 살수 없듯이, 연결되지 못하고 고립된 기억은 금방 사라지고 맙니다. 어떤 기억이 많은 요소와 다양한 연결을 맺고 있을수록 오래 안전하게 유지되는 것은 이런 이치 때문이죠.

신경세포 사이의 연결 강도는 변해요. 단단한 네트워크가 시간이 지나면서 흐려지기도 하고, 느슨했던 네트워크가 단단해지기도 합니다. 네트워크 사이에 없던 연결이 생기기도 하죠. 원래 알던 사람이 어떤 계기로 친해진다면, 그 사람에 대한 신경세포 네트워크는 친구 신경세포 네트워크와 연결되어 친구로 등록되죠. 여기에 다른 친구와도 연결이 된다면 그 사람이 친구 네트워크로 유지되는 것은 쉬울 것입니다.

기억 조각이 고립되지 않도록 서로 연결하는 것이 기억을 오래 유지하는 힘입니다. 기왕이면 많은 기억 조각이 서로 다양하게 연결되면 좋겠지요. 그렇다고 해서 모든 기억이 서로 연결되어 있을 수는 없어요. 모든 신경세포가 하나의 세포로 이어져 있다는 골지의 생각이 틀렸던 것처럼, 기억도 하나의 덩어리처럼 연결되어 있을 순 없는 거죠.

모든 것을 기억한다면
행복할까?

한 명쯤은 꼭 있는 기억력 좋은 친구

"네가 그때 쉬는 시간에 뒤돌아보면서 그랬잖아." 전 전혀 기억이 안 나는데, 20년 전 고등학교 때 있었던 일에 대해 생생하게 기억하고 있는 친구가 저렇게 말하면 당황스러워요. 그 친구는 심지어 초등학교 다니던 시절에 대한 기억도 뚜렷해서 친구들을 자주 놀라게 한답니다. 전 초등학교 때 기억이 흐릿하면서도 장면 장면이 뚝뚝 끊기는데 말이죠. 기억력이 좋은 이 친구는 마치 그때의 순간을 머릿속에 녹화라도 해 둔 것처럼 이야기합니다.

여러분 주변에도 기억력이 좋아 부러운 친구가 있지 않나요? 혹시 이 책을 읽고 있는 당신이 그런 부러움을 사는 친구는 아닌지요? 기억력이 좋다는 건 어떤 의미일까요? 살아가면서 주변에서 일어나는 일을 모두 기억하는 것이 가능할까요? 모든 것을 기억하고 잊어버리지 않는 것이 좋은 것일까요?

누구나 기억을 잘하고 싶은 욕망이 있을 거예요. 어제 선생님이 수업 시간에 가르쳐 주었던 내용을 잊어버리지 않고, 아침에 엄마가 시켰던 심부름도 잘 기억한다면 편하겠죠. 마치 무한대의 저장 용량

이 있는 비디오카메라처럼 내가 경험한 모든 것을 저장하면 좋겠다는 생각이 들기도 하지요.

실제로 놀랄 만큼 기억을 잘하는 사람에 관한 이야기가 꽤 있습니다. 하지만 대부분 자기 일과 관련해서 노력을 많이 한 결과로 그렇게 된 경우지요. 그런데 특별히 기억력 훈련을 하거나 노력한 결과가 아니라, 뛰어난 기억력을 타고나는 경우도 드물게 있어요.

모든 것을 기억하는 남자

신경심리학자인 루리야는 모든 것을 기억한다고 해도 무방할 만큼 기억력이 좋은 사람에 대해 상세한 기록을 남겼습니다. 루리야가 남긴 기록은 『모든 것을 기억하는 남자』라는 책으로 출판되기도 했어요. 이 책에는 S라는 사람이 등장하는데요. S가 바로 모든 것을 기억하는 남자, 솔로몬 셰르솁스키입니다.

솔로몬의 기억력은 타고났다고 해요. 후천적인 노력을 통해 얻은 기억력이 아니었기에 자신의 기억력이 보통 사람보다 지나칠 정도로 뛰어난지는 잘 몰랐다고 하죠. 솔로몬은 그 뛰어난 기억력 덕분에 신문사에서 일하게 돼요. 1920년대에는 지금처럼 녹음기와 비디오카메라 같은 것이 없었기에 기억력이 좋은 사람이 기사를 쓸 때 유리했겠죠.

어느 날 편집국장이 솔로몬에게 심리학 연구소를 가 보라고 권합니다. 편집국장의 지시 사항을 받아 적지도 않고도 토씨 하나 틀리지 않고 그대로 기억하고 있었던 것에 놀란 것이죠. 그렇게 솔로몬은 루리야를 만납니다. 루리야의 연구실에서 솔로몬을 대상으로 이런저런 시험을 진행했는데요. 아무 관련 없는 단어 30개를 불러 주고 그대로 외워 보라고 하자, 솔로몬은 하나도 틀리지 않고 그대로 외웁니다. 단어뿐만 아니라, 무의미한 음절을 연속으로 불러 줘도 6165984986516334879894531 3…… 같은 수십 자리의 숫자를 불러 줘도, 딱히 힘들어하는 기색 없이 외웠다고 해요.

그뿐만 아니라 몇 년이 지난 후, 루리야가 과거 기록을 보며 예전에 불러 줬던 숫자나 단어를 말해 보라고 하면 그대로 기억하고 있었다고 합니다. 그사이에 한 번도 반복해서 불러 준 적이 없는데도 말이죠. 여러분 어떤가요? 이런 기억력 부럽지 않나요? 들으면 들은 그대로 녹음하듯 저장해 두었다가 아무리 오랜 시간이 지나도 잊어버리지 않는 기억력이라니. 정말 편할 것 같지 않나요?

솔로몬의 뇌, 신경세포는 어떠하기에 그런 뛰어난 기억력을 타고난 것일까요? 솔로몬이 기억하는 방식을 잘 연구하면 우리 보통 사람이 기억하는 원리나 더 잘 기억할 수 있는 법을 알 수 있지 않을까요? 이런 이유로 루리야는 특별히 30년 동안이나 솔로몬을 관찰하고 기록했습니다. 그 기록은 지금까지도 소중한 자료입니다.

솔로몬을 자세히 관찰한 결과, 루리야는 솔로몬의 뛰어난 기억력에 대해 몇 가지 특징을 발견해요. 보통 사람이라면 서로 따로따로 처리되는 감각 정보가 솔로몬 경우에는 분리되어 처리되지 않았어요. 특히 문자로 된 언어에 시각이나 청각 정보가 같이 섞여서 뇌에서 처리되었죠. 예를 들면 '초록'이란 단어를 듣거나 볼 때, 실제 초록색 꽃병 이미지가 머릿속에 떠오르는 거죠. 숫자를 들을 때는 각 숫자에 해당하는 사람 모습이 떠올랐다고 해요. 예를 들면 숫자 1은 덩치가 큰 남자, 숫자 2는 발랄한 여자가 자동으로 연상되었다고 합니다. 이런 숫자-사람을 나중에 다시 떠올리면 되니 숫자를 외우기가 쉬웠다고 하네요.

솔로몬이 기억을 저장하고 불러오는 것도 남들과 조금 달랐다고 해요. 본인에게 익숙한 거리와 공간에 기억해야 할 단어나 숫자를 연결해 놓았다고 하죠. 이 방법은 현재 기억력 향상 훈련에서도 많이 쓰입니다. 예를 들면, 저에게는 대학로 거리가 익숙한데요, 대학로를 걷는 상상을 하면서, 마로니에 공원 입구에는 '오리'를 두고, 그 다음에 나오는 빨간 건물에는 '연필'을 두는 식입니다. 그렇게 기억해야 할 단어를 길거리에 배치해 두고 나중에 떠올려야 할 때는 머릿속의 대학로에 다시 찾아가는 거죠. 솔로몬이 뛰어났던 점은 이 방법을 본인이 자연스럽게 습득했다는 것과 마음속 거리에 둔 단어가 몇 년이 지나도 없어지지 않았다는 점이죠.

솔로몬이 우리나라에서 태어났다면 학교에서뿐만 아니라 전국에서 기억 영재로 주목받으며 유명해졌을 거예요. 실제로 솔로몬은 자신의 뛰어난 기억력을 뽐내는 공연을 했는데 인기가 많았다고 해요. 공연 관람료만으로 충분히 먹고살 수 있을 정도로요.

타고난 뛰어난 기억력은 솔로몬에게 축복이었을까요? 기억력으로 관람료를 받으며 먹고살 정도니 축복이지 않을까요?

루리야에 따르면 솔로몬은 바로 그 기억력 때문에 오히려 일상생활을 할 수 없었다고 해요. 예를 들어 식당에 가면 메뉴판에서 온갖 이미지가 떠올라 도저히 음식을 주문할 수 없었다고 합니다. 책을 읽을 때는 단어나 글자 하나하나에서 저절로 떠오르는 이미지와 생각 때문에 책 내용에 집중할 수 없었다고 해요. 추상적인 개념을 다루는 책은 내용을 아예 이해하지 못했다고 하고요. 무한이나 없음(무)과 같은 개념은 시각적으로 상상할 수 없는 개념이다 보니 솔로몬으로서는 아예 받아들이기 힘들었던 거죠.

솔로몬은 인간관계도 힘들었다고 해요. 그도 그럴 것이 어떤 사람과 대화를 할 때도 여러 이미지가 떠올라 그 사람 말에 집중하기 힘들었을 거예요. 상대방으로서는 산만해 보이는 솔로몬에게 화를 낼 수도 없었어요. 방금 한 대화를 그대로 다시 기억에서 꺼낼 수 있으니까 말이죠. 솔로몬과 대화를 나눈 상대방은 그런 솔로몬의 행동들 때문에 당혹스러워했다고 해요.

솔로몬은 뜻밖에 사람을 잘 못 알아봤다고 하는데요. 사람 얼굴을 마치 사진기가 기록하듯 기억한 나머지 조금만 달라져도 다른 사람으로 착각한 거죠. 얼굴을 인식하는 컴퓨터 프로그램이 오류를 내는 것처럼, 솔로몬의 지나친 기억력도 오히려 독이 된 거죠. 심지어 사람과 대화할 때면, 말하는 중간중간 미세하게 움직이는 얼굴 근육과 그로 인해 변하는 얼굴의 빛과 그림자를 그냥 흘려버릴 수 없었다고 해요.

원래 직업이었던 기자 생활도 솔로몬은 점점 힘들어했어요. 그래서 직장을 여러 번 옮기며 살다가, 기억력 공연을 하며 생활을 이어 갔던 거죠.

살아오는 동안 경험한 모든 것을 기억하는 솔로몬은 점점 기억이 쌓여 가면서 머릿속이 뒤죽박죽되었다고 해요. 기억이 잊히지 않으면서 솔로몬을 괴롭히게 된 거죠. 5분 전에 들은 얘기와 16년 전에 들은 얘기를 똑같이 생생하게 떠올린다면 어떤 기분이 들까요? 들은 환경과 상황에 대해서도 그렇게 생생하게 기억한다면요. 언뜻 편리하겠구나 싶겠지만, 솔로몬은 바로 이 능력 때문에 일상생활을 제대로 할 수 없었어요. 끊임없이 쌓여 가고, 또다시 떠오르는 기억 더미에 현재의 일상이 파묻혀 버린 거죠.

솔로몬의 머릿속은 어떤 상태였을까?

솔로몬의 머릿속에 있는 신경세포가 어떤 식으로 활동했는지는 정확하게 알 방법은 없어요. 루리야가 남긴 기록을 토대로 추측할 수밖에 없죠. 루리야의 기록에 따르면 솔로몬의 두드러진 특징은 다음과 같아요.

서로 다른 경로의 감각 정보들이 한 번에 떠오르는 것. 단어나 글자에 의도치 않은 이미지나 느낌이 같이 떠오르는 것. 먼 과거의 기억과 조금 전에 있었던 일을 구별 못 할 정도로 기억이 뚜렷한 것.

이런 특징으로 짐작해 보면, 솔로몬의 신경세포는 과잉 연결되어 있었던 게 아닐까 추측할 수 있어요. 단어를 처리하는 신경세포와 시각에서 색깔을 처리하는 신경세포가 연결되어 있다면, 단어와 함께 색깔 이미지가 떠오르는 식인 거죠.

이런 특징을 공감각이라고 부릅니다. 국어 시간에 시에 대해 배우면서 공감각을 배웠을 거예요. "분수처럼 흩어지는 푸른 종소리"라는 시구가 아직도 기억나네요. 종소리라는 소리 감각을 분수와 푸른 색 같은 시각적 이미지로 표현한 시구죠. 솔로몬은 이런 경험을 실제로 했던 거죠. 실제로 공감각을 느끼는 사람은 꽤 있다고 해요. 물리학자 파인만은 수학 공식을 보면 공식 기호마다 각기 다른 색깔로 보였다고 하네요.

솔로몬은 공감각을 느낄 뿐만 아니라, 회상하는 기억의 이미지가 선명했어요. 루리야의 연구실에서 경험한 일이라고 회상하면 조금 전에 루리야와 나눈 대화와 16년 전에 나눈 대화가 똑같이 선명하게 기억났던 거죠. 대화를 나눌 때 루리야가 어떤 옷을 입었고, 어디에 어떤 자세로 앉았는지도요. 루리야 네트워크로 이어져 있는 신경세포가 시간과 상관없이 모두 같은 강도로 연결되어 있다가 한 번에 활성화되어 버리는 거죠. 조금 전 루리야와 16년 전 루리야의 모습이 똑같이 선명하다면 혼란스럽지 않을까요? 솔로몬은 현실과 본인 기억이 불러내는 과거의 이미지를 점점 구별할 수 없게 되어 버렸다고 해요. 나이 들어 가면서 쌓여 가는 기억 때문에 이 증상이 더 심해졌을 거고요.

보통 사람은 솔로몬과 달리 시간이 지남에 따라 기억을 점점 잊습니다. 신경세포 간의 연결이 점점 약화되기 때문이에요. 새로운 경험을 하면서 다른 연결이 생겨 신경세포가 다른 네트워크로 넘어가기도 합니다. 영원히 떡볶이 네트워크에 속해 있을 수 없는 거죠.

솔로몬의 신경세포는 시냅스가 자연스럽게 약화되지 못해서, 한 가지 자극만 들어와도 신경세포가 여러 네트워크를 활성화해 버린 게 아닐까요? 그렇게 활성화되는 신경세포는 나이 들어 기억이 쌓이고 기억력 공연을 하면서 더 많아졌을 거예요. 모든 것을 기억하다 보니 결국 얽히고설킨 기억의 미로에 갇혀 버린 걸지도 모릅니다.

어제를 기억하지 못하는 헨리의 경우

「니모를 찾아서」에서 등장했던 매력적인 파란색 물고기 도리를 아시나요? 후속편의 「도리를 찾아서」에서 주인공으로 활약하기도 했죠. 도리는 불과 5초 전에 나누었던 대화를 까먹고, 자기가 뭘 하려고 했었는지 잊어버리는 재미있는 친구죠.

솔로몬이 너무 뛰어난 기억력 때문에 고통받았다고 한다면, 도리는 완전히 반대라고 할 수 있어요. 끊임없이 기억을 잊어버리거나, 기억을 아예 하지 못하는 거죠. 도리와 같은 기억상실증을 앓은 사람이 실제로도 있었는데요. 1920년대에 미국에서 태어난 헨리라는 사람 이야기를 해 볼게요.

여러분도 좀 전에 새로 인사한 사람의 이름을 순간 잊어버린 경험은 있겠죠. 헨리는 이름을 기억 못 하는 정도가 아니라, 만났던 일조차 기억하지 못했어요. 새로운 단어 뭉치를 기억한다든지, 숫자 열을 기억한다든지 하는 것을 헨리는 전혀 못 했어요.

헨리는 어릴 때부터 뇌전증을 심하게 앓았는데요. 심한 경련이나 의식 장애를 일으키는 발작 때문에 일상생활이 불가능했어요. 1930년대에는 좋은 치료제도 없었기에, 어쩔 수 없이 뇌 수술을 받아요. 뇌 부위 중 관자놀이 안쪽에 있는 측두엽을 양쪽 다 잘라 내는 대수술이었습니다.

마취에서 깨어난 헨리와 가족은 발작이 사라졌다며 기뻐했죠. 그러나 헨리의 행동이 뭔가 이상해졌다는 것을 알기까지 그리 오래 걸리지 않았어요. 기억을 전혀 못 하게 된 것입니다.

깨어난 후 병실의 화장실이 어디냐고 헨리가 물었는데, 수술 전에 자주 가던 곳이었습니다. 사람들이 화장실의 위치를 알려 주고, 같이 다녀오고 나서도, 헨리는 계속 화장실이 어딘지 몰라 헤매었습니다. 뿐만 아니라 수술 전부터 있었던 간호사를 몰라보고, 어제 했었던 대화를 전혀 기억 못 하니, 주변 사람으로서는 어리둥절할 수밖에요.

그에 반해 어릴 때의 기억은 불러올 수 있었다고 합니다. 어릴 때 살던 집에 대한 기억이라든지, 어릴 때의 추억은 그대로 잊히지 않고 남아 있었다고 해요. 그러니까 헨리는 수술받기 한참 전에 있었던 일까지만 기억할 수 있었고, 수술 이후로 새로이 경험한 일에 대해서는 전혀 기억할 수 없었죠.

기억은 세 단계를 거친다

헨리와 가족에게는 그 수술이 불행한 일이었어요. 하지만 그 수술 덕에 과학자들은 헨리의 행동과 기억력을 관찰하고, 시험해서 인간의 기억이 어떤 식으로 형성되고 저장되는지 알아냈습니다.

앞서 말했듯이 측두엽을 잘라 내는 수술 후에 헨리의 기억력에는 심각한 문제가 생겼죠. 중요한 것은 수술 전의 기억이 여전히 남아 있다는 사실이에요. 수술하기 전의 기억은 측두엽이 아닌 곳에 저장되어 있었다는 의미입니다.

수술로 잘라 낸 양쪽 측두엽은 옛날 기억을 저장해 두는 곳이 아니라, 새로운 경험을 기억이라는 형태로 변환시키는 역할을 했던 거예요. 측두엽은 시냅스가 활발하게 변하고, 생성되고 없어지는 곳이에요. 떡볶이, 순대 메시지 전달이 활발하게 이루어지고, 새로운 전학생 친구가 오기도 하는 곳인 거죠.

측두엽을 절제한 이후의 헨리에게는 이제 시냅스를 형성하고, 변화할 신경세포 자체가 없습니다. 측두엽을 절제하기 전에 형성된 기억은 장기간 기억을 저장하는 구역으로 넘어가 있었기 때문에 영향을 받지 않았고요. 측두엽 절제 이후에는 기억을 형성하는 신경세포가 없어지는 바람에 새로운 기억을 저장하지 못했던 거죠.

기억하는 것은 마치 대형 할인점에 물건을 정리해 진열하는 것과 같습니다. 물건을 아무렇게나 정리해 두면 손님이 원하는 물건 찾기 어려우니, 종류별로 잘 정리해야겠죠. 정리해 둔 다음에 새로운 물건이 들어오면, 어떤 종류의 물건인지 분류부터 해야 합니다. 우산이라면 생활용품에, 책상이라면 가구에 속할 것입니다. 물건을 진열대에 잘 보이게 정리하고는 언제 어디에 몇 개나 진열했는지 기록해 두어야 합니다. 그래야 나중에 기록한 것을 보고 쉽게 찾아서, 얼마나 팔았는지 얼마나 남았는지 비교할 수 있죠.

기억도 마찬가지입니다. 기억하는 것과 기억을 불러오는 것은 서로 다른 일이죠. 기억하기에는 적어도 세 가지 의미가 함께 들어 있어요. 들어오는 정보를 추출하여 기억하는 신경세포 네트워크 형태로 새로운 연결을 생성하는 게 첫 번째예요. 새로운 물건의 종류를 파악하는 작업에 해당합니다. 이 작업을 과학자는 암호화라고 불러요. 장면이나 글자를 그대로 복사해서 뇌에 기록하는 게 아니라 신경세포의 패턴으로 변환하는 것이 마치 암호로 변경하는 것과 같아서 붙인 이름이죠.

두 번째 단계는 생성된 신경세포 연결을 강화된 상태로 유지하는 저장 단계입니다. 물건을 보관하고 위치를 적어 두는 단계와 같습니다. 이렇게 강화된 연결 상태가 유지되고 있다가 다음에 필요할 때 꺼내는 단계가 세 번째인 인출 단계입니다. 고객에게 필요한 물건을 찾아 가져다주는 단계죠.

세 단계는 서로 관련이 있지만, 독립적이기도 해요. 기억은 하는 것 같은데 회상이 잘 안 되는 경우가 있죠. 그러다가 누군가 힌트를 준다면 금방 기억이 나는 경우. 그런 경우는 저장된 기억에서 인출이 잘 안 되는 경우겠죠. 저장이 잘되어 있다고 해서 늘 인출이 잘되는 것은 아니에요. 저장된 기억 신경세포로 가는 연결이 약할 수 있어요. 대형 할인점에 물건을 들여와서 진열하긴 했지만, 어디에

했는지 잊어버린 상태와 같습니다. 정리가 안 되어 있는 방에서 내일 학교에 가져가야 할 준비물을 찾느라 고생해 본 적이 있다면 공감할 거예요. 분명 방 안에 준비물이 있지만 찾지는 못하는 그 상태. 저장된 기억이 인출 안 되고 있을 때와 비슷하다고 할 수 있어요.

모든 것을 기억한다는 것은 입력되는 모든 정보에 대해서 암호화와 저장 단계를 거친다는 거죠. 그리고 필요할 때마다 인출을 적절히 할 수 있다면 기억하고 있다고 확인할 수 있는 겁니다.

앞서 루리야가 관찰한 솔로몬은 어떤가요? 그는 암호화와 저장에서 완벽함에 가깝죠. 하지만 원치 않게 기억의 이미지들이 떠올라 괴로워했습니다. 너무 많은 정보를 저장해 버린 노년에는 인출 과정의 문제가 더욱 심각해졌습니다. 인출되는 정보들이 서로 헝클어져 버려 뭐가 뭔지 분간 못 하게 되어 버리죠.

신경세포 간의 연결이 너무 강한 상태로 유지되고 있다면, 쓸 수 있는 가능한 연결점을 너무 많이 써 버렸다면, 그리고 그것을 적절할 때 정리하지 않는다면, 우리의 머릿속이 뒤죽박죽되어 버려요.

헨리의 경우는 수술 이전에 있었던 일에 대한 기억을 인출하는 것에는 별문제가 없었어요. 측두엽을 없애는 바람에 새로운 기억을 암호화하고 저장하지는 못했고요. 옛 기억이 저장된 곳에 새로운 기억이 추가 등록되지 않으니, 옛 기억을 잊어버리거나 헷갈리는 일은 없었던 거예요.

잊어버리는 축복

솔로몬처럼 지나치게 뛰어난 기억으로 엉클어질 일이 없는 우리에게도 잊어버리는 것은 중요한 역할을 합니다. 기억의 저주에서 나오기 위해서뿐만 아니라 일상적으로 망각은 필요한 과정이라는 거죠.

제가 초등학교 4학년 때 장기 자랑을 하는 시간이 있었어요. 딱히 장기가 없었던 저는 하모니카를 불기로 마음먹었어요. 제 차례가 되어 교탁에 서서 40명 정도의 친구들과 할아버지 담임선생님 눈을 보니 왠지 긴장했었던 거 같기도 해요. 기대에 찬 그 80여 개의 눈동자가 저를 주목할 때의 그 장면이 글 쓰는 지금도 떠오르기 시작합니다.

하모니카를 불기 시작했을 때 동그랗고 큰 눈동자들이 박장대소의 표정으로 변한 건 너무도 순식간이었죠. '왜 그러지?'라고 속으로 생각하면서도 준비한 곡을 꿋꿋이 연주했어요. 연주는 끝났지만, 반 친구들의 웃음소리는 그치지 않았죠. 그제야 담임선생님이 말씀해 주셨어요. 하모니카를 그렇게 딱딱 끊어 부르는 것은 처음 들어 본다고요. 하모니카를 잘 부른다는 것이 어떤 것인지도 모르는 채, 겨우 악보에 있는 음계를 순서대로 소리 낼 수 있는 수준으로만 연습했던 거죠. 이 정도면 됐겠지 하면서 말이에요.

잊고 싶을 정도로 창피한 기억입니다. 너무나도 창피했지만 떠올리는 지금 이 순간에는 그때의 그 창피함이 그대로 되살아나지는 않네요. 기억에 묻어 있던 창피함이 시간이 지나면서 삭은 거죠.

기억을 할 수 있는 것도 좋은 일이지만, 잊을 수 있는 것도 충분히 좋은 일입니다. 매 순간 행복한 일만 있을 수도 없잖아요? 슬프고, 창피하고, 화나는 일은 적당히 잊고, 덧대고, 정리할 필요도 있죠. 잊는 것도 뇌에서 기억을 처리하는 자연스러운 현상입니다.

행복한 기억에 대해서도 마찬가지로 망각이 필요합니다. 과거의 행복을 반복적으로 떠올리며 그것에 집착하면 현재를 제대로 경험하고 살아갈 수 없을 거예요. "옛날에 참 좋았는데……."라며 떠올리는 과거의 행복한 기억이 너무나도 선명하면 어떨까요? 지금 마주하고 있는 현재는 그 선명한 기억에 비해서 좋지 않게 여겨진다면, 영원히 행복한 현재를 만날 수 없을지도 몰라요.

파란 물고기 도리가 매력적인 이유는 하는 행동이 웃겨서이기도 하지만, 긍정적인 성격 때문이기도 하죠. 어떤 슬픈 일이 있어도 기억을 못 하니 우울해할 틈이 없죠. 끊임없이 새로운 현재를 맞이하며 그때그때 최선을 다하고, 바로 앞에 있는 친구에게 친근하게 다가갈 뿐입니다. 측두엽을 잘라 낸 헨리도 남은 삶을 행복하게 보냈다고 해요. 반복적으로 하는 기억력 검사나 각종 시험이 지겨웠을 법도 한데, 헨리로서는 매번 새로웠던 거죠. 매일 보는 심리학자나 검사자인데도 언제나 반가워하고, 친절하게 대했다고 합니다. 헨리로서는 처음 만나는 사람이었을 테니까요.

도리나 헨리와 반대로 솔로몬은 잊어버리는 법을 훈련해야 했다고 해요. 기억하고, 외우려고 애쓰는 우리와는 반대로 말이죠. 우리에게는 자연스러운 망각 현상이 솔로몬에게는 노력해야만 하는 과정이었던 거죠. 비정상적으로 기억이 뛰어났던 솔로몬은 기억 서커스에서 보고 기억했던 의미 없는 숫자와 문자의 나열들을 잊어버릴 수 없어 괴로워했어요.

끊임없이 변하는 시냅스

기억 네트워크는 연결이 되는 것만큼이나 연결의 강도가 잘 조절되는 것이 중요합니다. 헨리처럼 기억을 담당하는 신경세포들이 아예 없어져 버려서 새로운 연결이 생기거나 강화되지 않는 것도 문제고요. 솔로몬처럼 한번 연결된 신경세포 네트워크의 강도가 계속 변함없이 유지되고 있는 것도 그렇게 바람직한 일은 아닌 거죠.

네트워크를 활성화할 일이 점점 줄어든다면, 머릿속 신경세포 네트워크 효율을 위해 연결 강도는 약해져야 해요. 안 좋은 기억이든 좋은 기억이든 계속 똑같은 강도로 현재의 나를 괴롭히면 안 되잖아요. 새로운 기억 네트워크를 형성해야 하기도 하고요.

시냅스는 지금 책을 읽고 있는 여러분의 머릿속에서도 끊임없이 생겨나고 없어지길 반복하고 있어요. 이미 있는 시냅스의 연결 강도가 강해지고, 약해지는 정도가 아니라 없던 연결이 새로 생기고, 없어지기도 하는 거죠. 친구 사이가 가까워지기도 하고, 멀어지기도 할 뿐만 아니라, 새로운 친구가 생기기도 하고, 친한 친구와 헤어지기도 하는 것처럼 말이죠. 의도하지 않았는데도 자연스럽게 친구 사이가 변하듯이 시냅스도 기억하려는 의도와 상관없이 항상 변하고 있다는 거예요.

친구 사이가 평생 변하지 않고 고정된 것이 아니듯, 우리의 시냅스도 기억도 지속해서 변하며 현재를 맞이해야 합니다. 만남과 헤어짐이 동전의 양면 같은 것처럼, 기억과 망각도 서로 떼려야 뗄 수 없는 사이인 거죠.

기억하고 싶은 것을
잘 기억하려면?

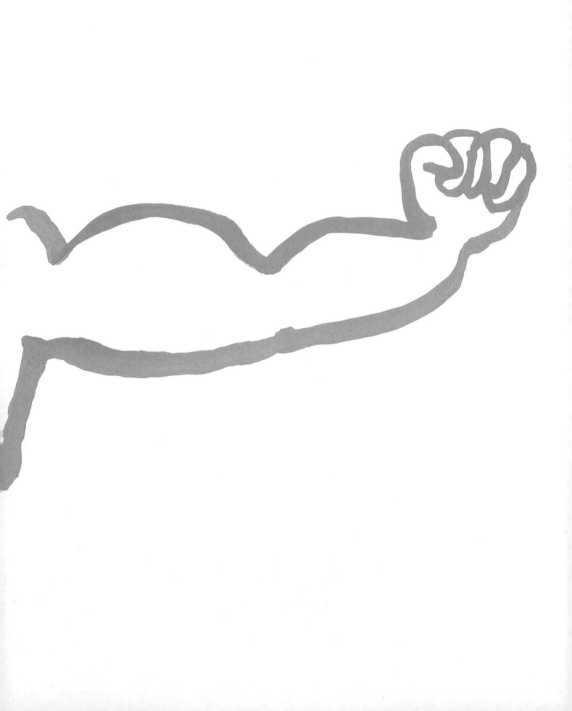

기억의 비밀을 밝혀 준 해마

측두엽을 절제한 결과로 현재만 살았던 헨리 덕에 역설적으로 우리는 뇌의 어느 부위가 어떤 식으로 기억하는지 자세하게 알게 되었습니다. 헨리가 수술로 잃게 된 측두엽에는 해마라는 부위가 포함되어 있어요. 부성애가 강하다고 알려진 그 수중 생물 해마입니다. 실제로 동물 해마가 헨리의 머릿속에 있었던 건 아니고요. 측두엽 안쪽에 있는 뇌의 특정 부위가 해마와 생김새가 닮아서 같은 이름이 붙었어요.

헨리의 증상을 보고, 수많은 과학자가 해마와 측두엽의 기능에 관심을 가지기 시작했는데요. 이후 밝혀진 바에 따르면, 시각, 청각 등의 감각 정보가 모인 해마에서 감각 정보를 신경세포 패턴으로 암호화하는 일을 한다고 합니다. 암호화된 기억 신경세포 패턴을 장기간 저장할 수 있도록 다른 구역으로 내보내는 일도 해마에서 해요.

헨리는 수술 이후에 길을 찾거나, 새로운 공간에 대한 기억도 전혀 못 하게 되었는데요. 해마가 머릿속 지도 역할도 하기 때문입니다. 해마가 머릿속 지도 역할을 한다는 것은 존 오키프라는 과학자가 쥐 실험을 통해 증명했습니다.

해마에는 특정 장소에서만 활성화되는 신경세포가 있는데요. 이 신경세포를 오키프가 발견한 거죠. 떡볶이, 순대에 반응해서 메시지를 전달하는 친구처럼, 미로에서 먹이가 있는 위치, 길이 막힌 곳 등에 각각 반응하는 신경세포가 발견되었어요. 오키프는 이런 신경세포를 묶어 장소세포라고 이름 붙였어요.

집에서 학교에 가는 길을 머릿속에서 떠올릴 수 있죠. 골목과 모퉁이가 기억날 거예요. 각각 골목과 모퉁이를 따로 담당하는 장소세포가 머릿속 해마에 있습니다. 그래서 해마를 잘라 낸 헨리는 길치가 되어 버린 것이죠. 저도 길치라고 많이 놀림받는데요. 여전히 서울의 홍대 근처나, 대구의 동성로에 가면 골목 구석에서 헤매고는 합니다. 제 해마에는 홍대 길거리, 동성로 길거리를 기억하는 장소세포가 부족한가 봐요.

기억을 담당하는 해마가 머릿속 지도 역할도 한다니 재미있지 않나요? 모든 것을 기억하는 솔로몬이 단어를 기억하고 불러낼 때 익숙한 길거리를 걷는 상상을 한 것은 우연이 아닙니다. 장소에 반응하는 해마의 신경세포가 기억을 저장하기도 하니 해마를 잘 활용하면 더 잘 기억할 수 있겠죠.

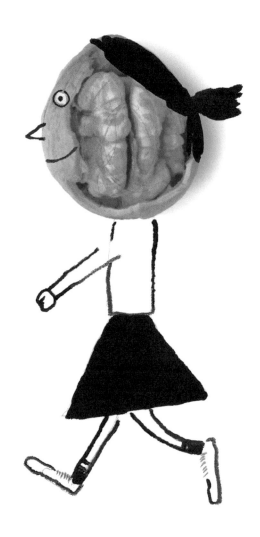

반복 학습만이 최선일까?

해마에 있는 신경세포 시냅스는 우리 뇌 부위에서 가장 불안정한 편입니다. 시냅스가 생기고 없어지고, 연결 강도가 강해지고 약해지는 것이 다른 뇌 부위에 비해 해마에서 훨씬 활발하게 일어난다는 뜻이에요. 새로운 정보를 받아들여 저장하기 위해서 시냅스의 변화가 활발한 것은 당연한 일일지도 모릅니다. 하지만 그런 만큼 우리의 기억도 불안정하죠.

우리의 기억이 얼마나 나약한지 정교하게 보여 준 사람은 에빙하우스라는 심리학자입니다. 수업 직후에는 머릿속에 배운 내용의 50%만 남고, 일주일 뒤에는 10%밖에 안 남는다는 얘기를 들어 봤을 텐데요. 에빙하우스가 시행한 실험을 바탕으로 하는 이야기입니다.

에빙하우스는 무작위로 단어를 섞어 참가자들에게 보여 주고는 외우라고 요구했어요. 그리고 어떤 사람은 직후에 시험을 치르고, 어떤 사람은 하루 뒤에, 또는 일주일 뒤에 시험을 치르고, 어떤 사람은 한 달 뒤에 시험을 치렀어요. 그 결과 시간 간격이 커질수록 시험 성적이 떨어진다는 어찌 보면 당연한 사실을 알아냈죠.

한 가지 실험을 더 했는데요. 단어를 다시 공부할 기회를 준 사람과 안 준 사람으로 나누었습니다. 복습을 못 하게 한 사람의 성적보다 복습한 사람의 성적이 좋았다는 결과가 나옵니다. 솔로몬이라면 아주 손쉽게 백 점을 받았을 시험이죠. 단어 배치 순서마저 완벽하게 맞혔을 거예요.

학교에서 듣는 수업이나 책을 읽고 공부하는 것도 복습이 없다면 에빙하우스 주장대로 빠르게 사라질까요? 어느 정도는 그렇지만, 결정적으로 다른 점이 있습니다. 솔로몬을 시험했던 루리야나 에빙하우스 같은 심리학자는 순수하게 기억력만 측정하기 위해서 전혀 연관이 없는 단어를 선정해요. 이를테면 호랑이와 연필과 전구를 불러 주는 거죠.

그렇지만 연필, 종이, 볼펜 같은 단어들은 훨씬 기억하기 쉽습니다. 문구류라는 공통점으로 연결되어 있기 때문이죠. 우리가 평소 기억해야 하는 내용도 서로 연결이 되어 있어요. 역사 흐름은 전후 관계로 연결되어 있고, 물리법칙에서는 운동과 에너지가, 힘과 가속도가 밀접하게 연결되어 있죠. 직접적인 연결이 없더라도 첫 글자만 따서 한 덩어리로 외워 두면, 쉽게 기억해 낼 수 있습니다. 조선 시대 왕의 이름을 앞 글자만 따서 '태정태세문단세'라고 외우는 것처럼요.

해마에 기억을 저장할 때 애초에 연관된 단어를 묶어서 저장하면, 신경세포 연결도 더 쉽게 강화됩니다. 나중에 단어를 기억해야 할 때도, 한 단어를 떠올리면 연결이 잘되어 있는 신경세포를 따라 다른 단어도 쉽게 떠올릴 수 있죠. 친한 친구끼리 잘 어울려 다니듯이 단어도 서로 연관된 것끼리 더 잘 어울립니다.

에빙하우스의 연구는 상관성으로 인해 생기는 기억이 더 잘되는 효과를 애초에 없앤 상태입니다. 이런 배경을 생각하지 못하고, 기억에 관한 에빙하우스의 연구 결과만 고려하다 보면, 주기적인 반복 학습만 강조하게 됩니다. 하루 뒤 복습, 일주일 뒤 복습, 한 달 뒤 복습……. 복습의 무한 고리에 빠져들지요.

물론 반복을 하면 기억이 더 오래 유지되기는 합니다. 그렇지만 다른 기억과 연결하지 않고, 무작정 반복 학습만 하는 것은 한계가 있습니다. 수많은 신경세포 연결 중에 하나만 무한정 강해질 수도 없고, 그 상태로 오래 유지되기는 힘들기 때문이죠. 오히려 반복 학습이 역효과를 내기도 합니다. 많이 반복했으니까 잘 알겠지 하는 착각에 빠질 수 있어요. 신경세포 입상에서는 이제 메시지 전달 좀 그만하라며 시큰둥해져 버려, 연결이 더는 강화되지 않는 상태일 수도 있는데 말이죠.

반복을 덜 해서 연결의 강도가 약하더라도 여러 신경세포와 연결해 놓는 것이 기억을 저장하는 데도, 나중에 인출하는 데도 유리합니다. 관련 있어 보이는 것을 잘 연결하고 묶어서 기억하는 것이죠. 대형 할인점에서 물건을 정리할 때 관련 있는 품목끼리 같이 정리해 놔야 나중에 찾기도 편한 것처럼요.

컴퓨터의 기억에 의존하면 왜 안 될까?

해마를 활용해서 기억하려고 해도 잊어버리는 것을 어쩔 수 없습니다. 나약한 기억력을 보조하기 위해 사람들은 이런저런 방법을 사용합니다. 간단한 메모지부터 스마트폰 메모 기능까지 다양한 방법이 있지요. 메모하거나, 사진을 찍어 두거나 하면 없어질 일이 거의 없습니다. 나중에 열어 보면 처음 그대로 있죠.

그러다 보니 열심히 공부하는 게 억울하기도 합니다. 불안정한 내 기억과 비교하면 너무도 완벽한 기억 장치가 있기 때문이죠. 많은 시간과 노력을 들여 스스로 기억하는 것에 비해, 스마트폰에 한 번쓱 저장하는 것이 훨씬 편리하고 빠릅니다. 게다가 내 머리보다 훨씬 작은데도, 나보다 훨씬 많은 책과 사진과 동영상을 저장할 수 있죠. 아무리 오랜 시간이 지나도, 고장 나지 않았다면 헷갈리거나 흐려지지 않고 완벽하게 불러낼 수 있죠.

이런 기준이라면 인터넷 검색 결과를 저장하는 구글의 데이터 센터가 제일 똑똑한 장치일 것입니다. 전 세계 그 어떤 사람보다 다양한 지식과 정보를 가지고 있을 테니까요. 그런데 왜 우리는 여전히 공부하고 학습하면서 스스로 기억해야 할까요? 스마트폰을 가지고 다니면서 필요할 때마다 검색하면 안 되는 걸까요? 스마트폰으로 검색하면서 시험 보면 왜 안 될까요?

아주 먼 옛날에 알파벳이나 한자 같은 글자가 처음 발명되고, 책으로 기록하기 시작했을 때 어떤 사람은 이런 우려를 했다고 해요. 글자가 없었던 시절에는 말로 지식을 전수하고, 듣는 사람이 무조건 외울 수밖에 없었죠. 그런데 글자가 생겼으니 지식을 기억하거나 습득하려고 하지 않을 것이라고요. 그 사람의 우려와는 달리, 인터넷과 스마트폰까지 생긴 지금도 우리는 기억하려 애쓰고 있습니다.

책, 스마트폰 같은 것은 결국 기억을 보조할 수 있을 뿐입니다. 책이나 인터넷에 있는 것은 말 그대로 저장만 되어 있죠. 누군가 찾아보지 않으면 의미가 없어요. 그런데 무엇을 찾아야 할지는 어떻게 알 수 있을까요? 이건 책이나 스마트폰이 대신 해 줄 수 없어요. 알고 싶어 하는 사람이 본인의 기억에 의존해서 해야만 하죠. 애초에 무엇을 찾아야 할지 모르는 상태에서는 인터넷이나 도서관의 방대한 자료도 아무 쓸모 없을 수밖에요.

창의성, 의미 있는 기억의 연결

고대 그리스의 수학자 아르키메데스에게 왕이 어려운 문제를 해결해 오라고 명령합니다. 주문 제작한 왕관이 정말 순수하게 금으로만 만들어진 것인지, 아니면 싸구려 금속으로 만들고 겉만 금으로 덮은 것인지 알고 싶어 했죠. 무게를 달아 보는 것으로는 알 수 없었어요.

진짜든 가짜든 무게를 똑같이 만들어 오면 되기 때문이죠. 왕관이니 잘라 볼 수 없는 것은 당연하고요.

밤낮으로 고민하던 아르키메데스가 좀 쉬어야겠다고 목욕탕에 갑니다. 그리고 이제 알았다며 "유레카!"를 외친 순간은 바로 목욕을 하면서 휴식하던 순간이었죠. 그때 생각해 낸 부력의 원리로 왕관이 가짜라는 것을 밝혀냅니다. 골똘히 집중하며 생각할 때는 떠오르지 않던 해결법이 긴장을 풀고 쉬고 있을 때 갑자기 생각나다니 뭔가 이상하지 않나요? 한시도 쉬지 말고 문제에 매달려도 풀 수 있을지 모르는데, 쉬고 있을 때 뜬금없이 영감을 얻었다니요.

무언가에 집중하고 있을 때는 강한 연결을 따라서만 신경세포가 활성화됩니다. 다르게 말하면 시야가 좁아져 있다고도 할 수 있어요. 시야가 좁아진 대신, 좁은 영역에 대해서는 아주 자세하게 보고 생각할 수 있죠. 기억을 새로 등록해야 할 때는 이런 집중이 필요합니다. 그러지 않으면 금방 기억이 흩어지고 말죠.

문제 해결을 위해 집중하고 있을 때도 마찬가지입니다. 시야는 좁아진 대신 문제에 대해서만 온통 생각할 수 있죠. 그러나 때론 집중하는 것만으로 풀리지 않는 문제도 있습니다. 특히 이제까지 누구도 해결하지 못한 문제일 경우는 더욱 그러하죠. 그런 어려운 문제일수록 창의적으로 생각하는 것이 필요합니다.

우리의 뇌에 있는 기억 덩어리는 느슨하게 연결된 부분도 있죠.

집중하고 있을 때는 이 느슨한 연결까지 활성화되지는 않아요. 집중하고 있는 부분에 대해서만 생각하기도 바쁘니까요. 그렇게 집중하고 있다가, 목욕하거나 편하게 쉬게 되면 느슨한 연결이 활성화됩니다. 온갖 잡생각이 떠오르는 거죠. 그 순간, 미처 생각하지 못했던 문제 해결 방법이 떠오를 수 있습니다. 집중하고 있을 때는 연결되지 않던 해결의 실마리가 쉬고 있을 때 연결되는 거죠.

  만약 아르키메데스가 욕조에 몸을 담그면서도 왕이 시킨 일에 집중하고 있었다면, 부력의 원리를 알아낼 수 없었을 거예요. 긴장을 풀고 욕조에 몸을 담그니, 넘쳐 나는 물과 왕관 문제가 예상치 못하게 연결된 거죠.

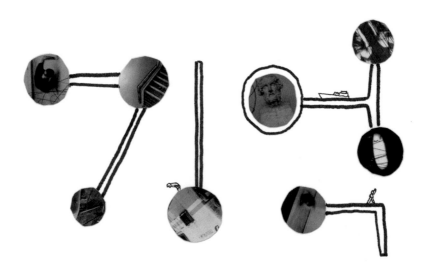

다른 사람이 생각하지 못한 방식으로 새로운 연결을 짓는 것이 창의성의 원동력입니다. 아무것도 없는 것에서 새로운 것이 갑자기 튀어나오진 않아요. 스티브 잡스도 비슷한 말을 했어요. 본인이 한 것이라고는 기존에 있던 것들을 잘 연결하고 합친 것이라고요. 아이팟과 휴대전화와 휴대용 인터넷 접속 기기를 합쳤더니 아이폰이 나온 것이죠.

창의적인 연결을 해야 하는 사람에게만 휴식이 필요한 건 아닙니다. 수학이나 과학을 이해하고 문제를 풀 때도 집중만큼이나 휴식이 필요합니다.

전 등산을 좋아합니다. 산에 오를 때는 오르는 행위에만 집중할 수 있죠. 힘들어서 도저히 딴생각이 안 납니다. 수학과 과학을 담당하는 뇌 부위는 푹 쉬는 시간이기도 할 거예요. 대학 다닐 때도 산악부 동아리 활동을 했었는데요. 산을 오르던 어느 날 뒤따라오던 동아리 선배가 갑자기 "아! 알았다!"라고 외치더군요. 무슨 일인지 물어봤더니, 고등학교 때부터 안 풀리던 수학 문제를 푸는 방법이 떠올랐다는 거죠. 책상 앞에서 아무리 머리를 쥐어뜯으며 고민해도 안 풀리던 어려운 수학 문제가 뜬금없이 산행 중에 풀린 겁니다. 아무리 집중해서 생각해도 떠오르지 않던 풀이 방법이 느슨한 신경세포 연결이 활성화되는 산행 중에 떠오른 거죠.

이렇게 느슨한 연결을 활성화하기 위해서는 집중해서 문제를 생각하는 것만큼이나 휴식하는 것이 중요합니다. 물론 한없이 휴식만 해서는 아무것도 안 되겠죠. 감나무 밑에서 입 벌리고 가만히 누워 입속에 감이 떨어지길 기다리는 것이나 다름없어요. 골똘히 집중해서 생각하는 과정이 먼저 있어야 욕조에 몸을 담그다 "유레카!"를 외칠 수 있습니다.

잠, 시냅스를 유지 보수하는 시간

뇌를 위한 최고의 휴식은 잠자는 것입니다. 적절한 수면은 낮에 쌓인 육체적인 피로를 푸는 데도 중요하지만, 끊임없이 밀려들어 오는 정보를 처리하느라 고생한 신경세포를 쉬게 하는 데도 중요합니다.

낮 동안에는 신호를 전달하느라 신경전달물질이 쉬지 않고 분비됩니다. 자는 동안에는 세포 틈에 남아 있는 신경전달물질을 씻어내야 하죠. 신호 전달을 위해 쉬지 않고 일했던 신경세포가 내놓은 대사산물도 역시 자는 동안 씻겨 나갑니다. 대형 할인점에서 낮 동안 엉망이 된 매장을 청소하는 과정이지요.

만약 이런 과정이 없으면 어떻게 될까요? 자는 시간이 아깝다고 생각하는 사람이 가끔 있습니다. 잠잘 시간에 뭔가 생산적인 일을 더 하는 게 낫다는 사람이죠. 그런 사람의 바람대로 자지 않고 계속 깨어 있을 수 없을까요?

별다른 약물의 도움 없이 자지 않고 버틸 수 있는 기간은 10~14일 정도라고 해요. 랜디 가드너라는 사람이 11일 동안 안 자고 버틴 것으로 유명한데요. 랜디가 안 자고 버티는 동안, 의사가 계속 관찰하면서 자세한 기록을 남겨서 더욱 유명합니다. 기록에 따르면 깨어 있은 지 2일째부터 행동이 느려지고, 3일째에는 우울증 증세를 보였답니다. 그러다 피해망상증, 생각이 둔해지는 증상이 악화되다가, 11일째에 급기야 심장에 이상이 생겨 실험을 중단합니다. 자지 않고 버티는 것은 목숨이 위태로울 정도로 위험한 일인 거죠.

잠을 적절히 자는 것은 살아가기 위해서 필수적입니다. 또한 자는 동안 우리 뇌는 낮에 쌓인 찌꺼기를 청소하는 일만 하는 것이 아닙니다. 잠은 기억을 유지하는 데 필수적인 과정입니다. 대형 할인점에서는 밤에 매장 문을 닫고 청소만 하는 것이 아니라, 낮 동안 쌓인 물건을 확인하고 정리도 합니다. 물건이 얼마나 팔렸는지, 장부에 남아 있는 물건 숫자와 실제 물건 개수가 맞는지도 확인합니다. 다음 날 팔 물건을 더 보기 좋게 재배치할 수도 있겠죠.

우리가 잠들어 있을 때 뇌에서도 시냅스를 유지, 보수, 정리하는 일을 합니다. 깨어 있는 동안 학습하면서 시냅스가 형성되고 강화되는데요. 학습하면서 활성화되었던 신경세포가 자는 동안에도 다시 활성화됩니다. 그러면서 낮에 연결된 시냅스가 유지되는 거죠. 자면서 우리도 모르게 공부한 기억을 반복해서 회상하고 있는 거예요.

잠을 자지 않으면 이 과정을 거치지 못하기 때문에 새로 생겨난 시냅스는 금방 없어지고 말아요. 기억을 잊어버리게 되는 거죠.

기타나 피아노 같은 악기를 연습해 본 적 있나요? 그렇다면 낮 동안 집중해서 연습해도 자꾸 틀리고, 손에 안 익어 답답했던 경험이 있을 거예요. 그러다 자고 일어났더니 어제까지는 안 되던 손동작이 자연스러워진 적 혹시 없나요? 악기 연습 말고 축구 동작, 자전거 타기, 스케이트보드 타기 등에서도 비슷한 경험을 할 수 있어요.

이 모두가 자는 동안 신경세포가 재활성화되어서 그런 겁니다. 연습할 때 활성화되었던 운동 담당 신경세포 사이의 연결이 자는 동안 유지되고 강화되는 거지요. 또한 필요 없는 연결은 정리됩니다. 그 결과 전날까지 버벅대던 동작이 자고 났더니 갑자기 자연스럽게 되는 기죠.

운동 신경세포 말고 학습이 일어나는 해마 신경세포도 마찬가지입니다. 그러니 잠을 안 자고 벼락치기 하면 공부하는 시간이 많아서 당장은 좋아 보일지 모르지만, 장기적으로는 도움이 안 되는 거죠. 밤샘 공부하며 과잉 형성된 시냅스는 금방 정리되고 말아요. 밤샘 후에 시험을 집중해서 치르고 나면 남는 것이 없죠. 장기적인 학습을 위해서는 적절한 수면은 필수입니다. 그렇지 않으면 시냅스가 유지되지 않아 안정된 기억을 형성할 수 없어요.

머리만 쓰지 말고 몸도 쓰자

"건강한 육체에 건강한 정신이 깃든다."라는 말이 있습니다. 여기서 육체를 두뇌로 바꾸면 어떨까요? 건강한 두뇌에 건강한 정신이 깃든다고 말이지요. 신경세포 연결망으로 이루어진 두뇌를 건강하게 하려면 어떻게 해야 할까요? 근육과 관절을 자꾸 써야 육체가 건강해진다고 말하는 것처럼, 머리를 자꾸 써야 두뇌도 건강해지겠죠?

그런데 두뇌를 건강하게 하는 방법은 단순히 머리 쓰는 일만 있는 것은 아닙니다. 몸을 써서 운동하는 것도 두뇌를 건강하게 하는 효과가 있어요. 바꿔 말하면, 가만히 의자에 앉아서 머리만 쓰는 것은 두뇌를 건강하게 하는 데 충분하지 못하다는 말입니다. 휴식과 수면이 두뇌에 중요한 것처럼 유산소 운동도 중요합니다. 운동하면 신체도 건강해지니 일거양득입니다.

유산소 운동을 하면 뇌에서 여러 가지 물질이 분비되는데, 이 물질들은 시냅스 연결을 강화하고 유지하는 데 도움을 줍니다. 신경세포 연결이 강하게 유지되는 것은 곧 기억을 잘하는 데 도움 된다는 말이죠.

스트레스는 만병의 근원이라는 말이 있습니다. 기억에 중요한 해마의 신경세포에도 스트레스는 좋지 않아요. 스트레스를 받으면 분비되는 호르몬이 해마의 신경세포 연결을 방해하고 심하면 신경세포가 죽기도 합니다.

유산소 운동은 좋은 스트레스 해소 방법입니다. 산책하거나, 달리러 바깥에 나가는 것만으로도 기분이 나아지지요. 운동을 그렇게 거창하게 생각할 필요도 없습니다. 집 근처나 학교 근처 작은 공원이 있다면 걸어서 둘러보고 오는 것도 좋지요. 운동도 되고, 스트레스도 풀리고, 집중 상태에 있던 뇌가 쉴 수도 있습니다.

최근 두뇌와 신경세포에 관한 연구가 활발히 이루어지고 있는데요. 이에 따르면, 어른이 된 후에는 신경세포가 더 새로 생겨나지 않는다는 예전 통념이 바뀌고 있어요. 두뇌의 일부분에서는 평생 새로운 신경세포가 태어난다는 것이죠. 그 일부분 중 하나가 새로운 기억을 처리하는 해마입니다. 새로운 신경세포가 태어난다는 것은 새로운 연결의 가능성을 계속 열어 둔다는 의미죠.

해마는 성인이 되어서도 신경세포가 생성될 정도로 세포 생성이 활발한 곳이니, 청소년기에는 다른 부위에 비해 더더욱 많은 신경세포가 태어납니다. 어떻게 하면 신경세포가 많이 태어나고, 또 태어난 신경세포가 죽지 않고 살아남을 수 있을까요? 이 역시 운동이 좋은 방법이라고 과학자들은 얘기합니다.

사육장에 쳇바퀴를 넣어 준 쥐와 넣어 주지 않은 쥐를 비교했어요. 그랬더니 쳇바퀴에서 자유롭게 운동한 쥐의 해마에서 더 많은 신경세포가 생성되고, 생성된 신경세포가 빠르게 성장해서 다른 신경세포와 연결되었다고 해요. 새로 태어난 신경세포가 다른 신경세포와 연결되지 못하면, 살아남지 못하고 죽습니다. 고립되고 외로운 신경세포는 고립된 기억처럼 쉽사리 없어지고 마는 것이죠.

　운동하면 뇌에서 시냅스 연결이 잘되는 물질이 분비된다고 했었죠. 그러니 새로 태어난 신경세포가 다른 신경세포와 잘 연결될 수 있도록 하는 방법도 운동입니다.

기억과 감정은 떼려야 뗄 수 없다

감정은 이성의 적일까?

이번에는 조금 다른 측면에서 기억에 대해 살펴보겠습니다. 냉철하게 판단을 내려야 한다는 말이 있습니다. 가슴이 아닌 머리로 생각해야 한다는 말도 비슷하게 쓰이지요. 이성적인 판단을 내릴 때 감정의 개입은 최소로 하라는 격언이지요. 과연 감정을 배제하고 이성으로만 판단하는 것이 최선일까요? 그렇게 하면 아무런 문제가 생기지 않을까요?

「스타트렉」이라는 미국의 유명한 TV 드라마가 있어요. 나중에 영화로도 만들어졌지요. 주인공인 커크 선장과 스팍 부선장이 우주선을 타고 모험을 하며 벌어지는 이야기가 「스타트렉」의 중심 줄기예요. 「스타트렉」에는 여러 외계 종족이 나오는데, 그중 벌칸 종족은 인간과 거의 비슷하게 생겼습니다. 귀가 뾰족하고, 감정을 배제한 채 냉철한 이성만을 추구한다는 점은 인간과 크게 다르죠.

주인공인 커크 선장은 인간이고, 스팍 부선장은 벌칸입니다. 둘은 좋은 친구이기도 하지만, 이성적인 판단을 하기에 앞서 몸이 먼저 반응해 버리는 열정적인 커크 선장과 냉철한 이성을 자랑하는 스팍 부선장은 매번 다툴 수밖에 없습니다.

벌칸 종족은 판타지에 나오는 엘프와도 비슷합니다. 오래 살기 때문에 사사로운 감정에 휘둘리지 않는다는 점과 귀가 뾰족하다는 점이 비슷한 면이죠.

이런 상상 속 이야기에서 감정을 잘 억제하는 존재가 중심인물로 자주 등장합니다. 감정을 쓸모없는 것처럼 취급하면서 감정적인 인간을 열등하다고 무시하는 존재들이죠. 인간은 그런 존재들이 감정에 흔들리지 않는다는 점을 부러워하기도 하고 이상하다고 생각하기도 합니다.

이성과 감정을 서로 대립하는 것으로 놓고, 이성적으로 판단하기 위해서는 감정적 개입을 억제해야 한다는 생각에서 비롯되는 이야기죠. 감정을 이성에 비해 거추장스럽고, 쓸모없는 것으로 취급하는 태도입니다. 이런 경향은 허구의 세계뿐만 아니라, 현실의 세계에서도 볼 수 있습니다.

하지만 우리는 감정에서 벗어나고 싶어도 벗어날 수 없습니다. 감정은 벗어나야 하는 쓸모없는 것이 아니라, 오히려 삶을 풍요롭게 해 주는 중요한 것입니다. 「스타트렉」에서도 감정을 철저히 배제하는 스팍 부선장을 낳은 어머니가 인간인데요. 순수 벌칸 족이 아닌 인간과 벌칸 혼혈이기 때문에, 스팍 부선장이 감정을 느끼고 이해하는 장면이 나옵니다. 그런 면 덕분에 커크 선장과 좋은 친구이자 동료로서 함께 우주를 모험할 수 있지요.

타인의 고통과 기쁨, 처지에 대해 공감하고 이해하기 위해서는 감정이 필수적이죠. 공감이라는 단어 자체가 감정을 공유한다는 의미를 내포하고 있으니까요. 그런데 감정은 인간관계를 원활히 하고, 각자 바라보는 세상을 다채롭고 풍요롭게 할 뿐만 아니라, 순간순간 형성되는 기억과도 밀접한 관련이 있습니다.

「인사이드 아웃」의 감정들

인간의 감정과 기억이 떼려야 뗄 수 없는 사이라는 것을 3D 애니메이션으로 귀엽고, 흥겹게 표현한 영화가 있어요. 「인사이드 아웃」이죠.

아빠의 새 직장이 있는 샌프란시스코로 이사 온 라일리 가족은 시작부터 삐걱거립니다. 멋진 새집을 기대했지만, 이사 온 집은 우중충하고 좁은 데다 이삿짐마저 제때 오질 않죠. 기쁨이, 슬픔이, 소심이, 까칠이, 버럭이로 이루어진 라일리의 감정들도 이런 상황에 당황합니다. 감정들은 경험으로 형성되는 기억 구슬에 색깔을 입히고, 변화시키기도 하는데요. 서로 감정 제어판을 조절하겠다며 다투기도 하지만, 라일리가 행복했으면 하는 바람만큼은 다섯 감정 모두 한결같아요.

「인사이드 아웃」에서는 기본적인 감정을 다섯 가지로 나누고 있죠. 기쁨이는 행복하고 즐거운 감정을, 슬픔이는 말 그대로 슬픈 감정을, 소심이는 두려움이나 불안, 공포를, 까칠이는 혐오감이나 경멸을, 버럭이는 분노나 화를 나타내고 있어요.

이는 찰스 다윈이 제안했던 네 가지 기본 감정과 거의 비슷합니다. 다윈은 『인간과 동물의 감정 표현』이란 책에서 화남, 공포, 기쁨, 혐오가 인간의 기본 감정이라고 주장했어요. 상황에 따라 동물의 표정도 변하는 것으로 보아, 동물에게도 감정이 있다고 주장합니다. 진화론을 주장했던 다윈답죠?

감정을 드러내는 표정은 전 세계 어디나 비슷하죠. 놀라는 표정, 기쁜 표정, 화난 표정 등은 미국 사람이나 우리나라 사람이나 아마존 사람이나 같습니다. 갓 태어난 아기가 짓는 표정을 보면, 감정 표현은 배우는 것이 아니라 타고난다는 것을 쉽게 알 수 있죠. 표정 짓는 법을 배우지도 않았는데, 얼굴 근육을 사용해서 웃기도 하고, 찡그리기도 하고, 울기도 합니다.

다윈이 말했던 것처럼 동물의 표정에서도 감정 표현을 읽을 수 있는데요. 침팬지나 고릴라의 표정은 사람이 짓는 표정과 거의 흡사합니다. 다른 문화권의 사람들이 똑같은 표정을 짓는 것, 그리고 영장류의 표정도 비슷하다는 사실은 다윈이 보기에 진화의 또 다른 증거라는 거죠. 진화의 어느 과정에서 등장한 감정과 그 표현 방식이 진화적으로 보존되면서 사람에게까지 전달됐다고도 할 수 있습니다.

감정에 의해 즉각적으로 반응하는 표정은 의식적으로 조절하기 힘들다고 해요. 자기도 모르게 얼굴에 드러나 버리는 거죠. 여러분이 거짓말을 그럴듯하게 준비해서 술술 말하더라도, 엄마한테 금방 들통 나는 건 이 때문입니다. 어딘지 모르게 어색하고, 긴장한 표정과 목소리를 엄마는 금방 알아차립니다. 말을 못 하고 표정으로 의사 표현하던 갓 난 시절부터 여러분과 의사소통해 온 엄마는 표정 전문가나 다름없죠.

표정으로 드러나는 감정을 감추는 것이 힘들다면, 감정을 제어하는 것은 어떨까요? 놀라지 말아야지라든가, 슬퍼하면 안 돼 하고 마음먹으면 감정을 안 느낄 수 있을까요?

예전에 어두운 시골길을 걸어갈 일이 있었는데요. 가로등도 없는 시골길은 무척이나 어둡고, 약간은 무서웠어요. 그때 "멍멍! 왈왈!" 하는 소리가 갑자기 크게 났어요. '뭐지?' 하는 생각을 미처 하기도 전에 온몸의 털이 곤두서고, 소리 나는 쪽의 팔다리 근육이 바싹 긴장하는 것을 느낄 수 있었어요. 놀란 가슴을 쓰다듬으며 소리 나는 쪽을 보니, 집 담장 너머에서 개가 짖는 소리가 들려왔습니다.

이처럼 놀란다는 것을 알기도 전에 우리 몸은 먼저 반응해 버립니다. 오히려 몸이 놀랐기 때문에 마음도 놀라는 것이 아닐까 할 정도로요. 무서운 감정 말고, 화나는 감정, 슬픈 감정 같은 다른 감정들도 마찬가지예요. 속에서 뭔가 치밀어 올라온다든지, 눈물부터 먼저 흐른다든지 하는 일은 의식이 제어할 수 없는 영역에 우리의 감정이 있다는 것을 말해 줍니다.

「인사이드 아웃」에서 슬픔이가 자기도 모르게 기억 구슬에 손을 대는 것이 이 때문이에요. 더 힘들어하실 부모님에게 억지로 괜찮은 척하며 즐거운 모습을 보이지만, 라일리는 사실 속으로 몹시도 슬프고 우울한 상태였던 겁니다. 기쁨이는 이런 신호를 무시하고 라일리가 행복감만 느껴야 한다고 생각하죠. 슬픔이에게 아무것도 하지 말고 가만히 있으라며, 바닥에 있는 선을 넘어오지 말라고 윽박지르기도 합니다. 감정 제어판을 혼자 독차지하고는 기쁜 감정과 행동만 표출하도록 라일리를 억지로 조절하죠.

그런다고 치밀어 오르는 슬픈 감정을 막을 수는 없습니다. 계속 기억 구슬에 손대는 슬픔이와 기쁨이가 실랑이를 벌이다 사고가 나고, 감정 제어실에서 밖으로 튕겨 나와 둘만 따로 떨어져 있게 되죠. 감정 제어실로 돌아가는 여정을 통해 기쁨이는 슬픔이를 이해하고 화해하게 됩니다. 슬픈 감정을 느끼고 표출하는 것도 라일리가 살아가는 데 필요하다는 것을 알게 되죠. 심지어 행복했던 기억이라고 생각했던 과거 기억에도 슬펐던 장면이 섞여 있었다는 것도 알게 되면서, 라일리는 성장합니다.

감정과 기억은 저절로 연결된다

기억 구슬에 감정의 색이 저절로 입혀지듯, 감정과 기억은 저절로 연결되어 저장됩니다. 감정 신경세포와 기억 신경세포가 자동으로 연결이 되는 것이죠. 기억을 저장하기 위한 암호화 과정에서 감정 신경세포도 같이 활성화된다는 의미입니다. 감정과 기억이 동시에 암호화되어 저장되므로, 기억이 인출될 때 연결된 감정이 동시에 떠오르거나, 어떤 감정이 들 때 비슷한 감정과 연결된 기억들이 동시에 떠오르는 것은 당연한 것이지요.

슬플 때, 예전에 나를 슬프게 했던 기억들이 동시에 덮쳐 오는 것도 이런 이유 때문이죠. 저는 슬플 때 주로 더더밴드의 4집 앨범에 수록된 노래들이 머릿속에서 재생됩니다. 멜로디나 가사가 전반적으로 우울하기도 하고, 슬프게 읊조리는 듯한 한희정 씨의 목소리도 인상 깊어 쉽게 잊히지 않기 때문이에요. 게다가 학업에 치여 공부하던 의대 학생일 때 이 앨범이 출시되어, 힘든 시기에 주로 들었기 때문이기도 할 겁니다.

소리와 기억, 감정이 머릿속에서 연결되어 저장되는 부분이 있다는 것을 동물 실험으로 보여 준 사람이 조지프 르두라는 과학자입니다. 르두는 주로 공포와 두려움을 기억시키고, 반응을 관찰하는 방식으로 실험했는데요. 여러분이 잘 알 법한 파블로프의 조건반사

실험과 유사한 방식으로 공포 기억을 실험했습니다.

파블로프는 종소리와 먹이를 연결해 개에게 학습시켰죠. 종소리를 울리면서 개에게 먹이를 주는 것을 반복했더니, 나중에는 종소리만 울려도 개는 침을 흘리고, 위액을 분비한다는 것을 보여 주었죠. 종을 울리는 파블로프가 먹이를 줄 거라고 기대한 개의 신체가 반응한 결과입니다.

르두는 전기 충격과 소리를 연결했습니다. 생쥐가 있는 실험 공간의 바닥에는 전류가 흐르는 장치를 해 두고, 벨 소리와 함께 전기 충격을 주었습니다. 이것을 여러 번 반복하면 나중에는 벨 소리만 울려도 전기 충격이 올 것이라는 것을 기억해서 긴장한 생쥐가 꼼짝도 못 합니다. 공포와 두려움으로 몸이 굳어진 상태인 거죠.

르두는 추가 실험을 통해, 소리와 전기 충격이라는 자극이 뇌 속의 신경세포 연결을 통해 저장된다는 것을 증명합니다. 이 과정은 의식적이라기보다는 무의식적으로 이루어지기 때문에, 의식적으로 무섭고 두려운 느낌을 억제하거나, 그런 기억이 회상되는 것을 억제하려 해도 몸이 먼저 반응해 버린다고 해요. 제가 어두운 시골길에서 개 짖는 소리에 먼저 몸이 깜짝 놀란 다음에야, '아 담장 너머 개가 짖고 있구나!'라고 생각한 것처럼요.

벨 소리는 실제로 아무런 해를 끼치지 않죠. 단지 전기 충격과 함께 들렸던 기억 때문에 쥐는 벨 소리에 공포 반응을 보이는 것입니다. 이런 기억을 없애는 방법은 뜻밖에 단순합니다. 전기 충격은 주지 않고, 벨 소리만 반복적으로 들려주는 방법입니다. 벨 소리가 들려도 이제는 전기 충격이 오지 않는다는 것을 새로 학습하면서 이전 기억을 덮는 것이죠.

지나친 공포나 과도한 두려움 때문에 힘들어하는 외상 후 스트레스 증후군 환자를 치료하는 방법도 이와 비슷합니다.(외상 후 스트레스 증후군은 뒤에서 자세히 다루려고 합니다.) 공포와 두려움을 불러일으키는 장면이나 기억에 조금씩 천천히 노출하면서 적응하도록 하는 방법입니다. 안전한 상태에서 예전 기억을 감정과 함께 불러와서, 이제는 괜찮다는 새로운 기억과 감정을 심어 주는 것이죠.

감정이 연결되어 안 좋은 경우만 예를 들었는데요. 예전 기억에 묻어 있는 감정을 꺼내 오는 것이 도움이 되는 예도 있습니다. 배우가 연기에 몰입할 때 특히 그러하죠. 카메라 앞이나 무대에서는 배역에 충실해야 합니다. 배역이 슬픈 상황이라면 슬픈 감정을 연기해야 하고, 분노하는 상황이라면 화를 내는 연기를 해야겠지요. 이런 연기에 감정이 실려 있지 않으면 어떨까요? 화내는 연기를 하고 있는데, 딴 사람이 보기에 분노라는 감정이 잘 느껴지지 않는다면, 몰입도가 떨어집니다. 이런 상황에서 배우는 감정을 표현하기 위해 본인의 옛 기억을 불러오기도 합니다. 연인과 헤어지는 상황을 연기하는 장면이라면, 본인이 예전에 경험했던 이별의 기억을 떠올리며 연기를 하는 것이죠. 그러면 연기하고 있는 배역에 공감하며 더 쉽게 몰입할 수 있다고 해요.

기억을 잘하려면 감정의 역할이 중요하다

어떤 상황이 기억될 때 감정이 같이 저장된다는 사실은 이제 잘 이해되나요? 감정과 기억은 서로 단순히 연결되는 것에만 그치지 않습니다. 서로 능동적으로 머릿속에서 신호를 주고받으며, 서로의 기능을 돕기도 하고 방해하기도 합니다. 이를테면 기억할 때 어떤 감정 상태냐에 따라 기억이 더 잘 저장되기도 하고, 잘 안 되기도 하는 것이죠.

이런 역할을 하는 대표적인 감정은 공포, 두려움입니다. 공포나 두려움을 느끼게 되는 상황은 쉽고 강하게 기억되고, 잘 잊히지도 않습니다. 공포를 불러일으키는 직접적인 상황에 대해서는 강력하게 머릿속에 저장되지만, 다른 기억에 대해서는 어떨까요? 공포나 두려움 같은 부정적인 감정에 휩싸인 상태에서 수학 공부나 영어 공부를 하면 잘될까요?

부정적인 감정 상태가 지속되는 상황을 다른 말로 하면 스트레스가 많은 상황이라고 할 수 있습니다. 우리 몸은 스트레스에 대응해서 호르몬을 분비하지요. 그런데 분비된 호르몬이 뇌와 신경세포에 안 좋은 영향을 주기도 합니다. 앞 장에서도 살펴보았듯 스트레스를 지속해서 받으면, 신경세포끼리의 연결 형성이 잘 안 되고, 심하면 신경세포가 죽기까지 합니다.

해마는 새로운 기억을 형성하는 데 중요한 장소지요. 해마가 잘려져 나갔던 헨리의 사례를 통해 해마가 얼마나 중요한지 잘 알게 되었습니다. 스트레스로 인해 해마가 제대로 작동하지 않으면, 새로운 기억을 형성하지 못하는 헨리처럼 기억을 잘 못 하게 됩니다.

해마를 잘 쓰려면 스트레스를 잘 해소하는 것이 중요합니다. 그 방법은 이미 앞서 얘기했던 적절한 휴식, 충분한 수면, 규칙적인 운동 등이 있습니다. 이런 방법들은 스트레스를 해소하는 데에도 도움될 뿐만 아니라, 신경세포를 건강하게 유지하는 데도 도움이 됩니다. 잘 쉬고, 잘 자고, 꾸준히 운동을 하면, 기억하면서 새로 연결되는 신경세포의 시냅스가 쉽사리 약해지지 않고 튼튼하게 유지됩니다.

한편 긍정적인 감정도 기억을 잘하는 데 도움 됩니다. "아는 자는 좋아하는 자만 못하고, 좋아하는 자는 즐기는 자만 못하다."라고 이미 2,500년 전에 공자님이 말씀하셨죠. 좋아하는 것을 공부하면 저절로 그 과정을 즐기게 되고 집중해서 몰입하게 되니, 기억을 잘하게 되는 것은 당연한 일이겠죠.

학교에서 하는 공부에 몰입하는 긍정적인 감정을 경험해 보지 못했다면 다른 분야는 어떤가요? 공룡의 이름을 외우고, 그 공룡이 어떤 시기에 살았는지, 다른 공룡과는 어떤 관계에 있었는지를 술술 말하는 친구도 있습니다. 그걸로 시험을 보는 것도 아닌데, 공룡 이야기를 하면 눈이 반짝반짝하죠. 공룡이 아니더라도 본인이 좋아하는 분야에 대해서 깊게 아는 친구는 주변에 많습니다. 좋아하고, 즐기는 분야에서만큼은 기억력이 남부럽지 않은 친구들이죠.

마음대로 되지 않는 감정을 어떻게 할까?

기억하고, 공부하는 것이 감정 상태와 결코 동떨어져 있을 수 없습니다. 짜증 나고 힘들고 기분이 안 좋은 상태보다는 기왕이면 상쾌하고 즐거운 상태에서 공부하고 기억하면 좋겠지요. 하지만 감정을 내가 원하는 대로 조절할 수는 없습니다. 오히려 내가 어떤 감정 상태에 있는지 알기조차 쉽지 않지요.

도덕 심리학자인 조너선 하이트의 표현을 따르자면 우리 마음속의 감정은 제멋대로인 코끼리와 같습니다. 코끼리 등 위에 올라탄 이성이란 기수가 이래라저래라 명령하지만 좀처럼 말을 듣지 않죠. 코끼리가 쉬고 싶어 하는데도 억지로 가라고 채찍질을 하거나, 왼쪽으로 가려는 코끼리를 오른쪽으로 가게 하려고 고삐를 낚아채면, 코끼리가 날뛰어 기수를 떨어뜨려 버릴지도 모릅니다.

그럴 땐 코끼리가 하고픈 대로 둘 수밖에 없습니다. 오히려 내가

원해서 코끼리를 이곳으로 몰고 왔다고 생각하는 편이 낫지요. 감정
이 시키는 대로 먼저 따라가고, 후에 그럴싸한 이유를 만드는 것입
니다.

그렇다고 해서 마냥 느낌과 감정에 따라 휘둘릴 수만은 없습니다.
코끼리가 언제 쉬고 싶어 하는지, 어떻게 잘 어르고 타일러야 내가
원하는 대로 오른쪽, 왼쪽으로 방향을 트는지 알면, 코끼리를 탄 여
행이 훨씬 수월하겠지요. 코끼리를 명령 내려야 할 대상이 아니라
동반자로 여겨야 코끼리와 기수 모두 만족할 수 있을 겁니다.

나 자신의 감정과 마음 상태를 잘 들여다봐야 할 이유입니다. 라일리의 기쁨이처럼 행복함만 느끼고 싶다고, 다른 감정을 무시하거나 억누르려 해서는 안 됩니다. 그러면 그럴수록 마음의 상처만 깊어집니다.

감정을 들여다보는 가장 좋은 방법은 자신에 대한 글을 쓰는 것입니다. 일기든 간단한 메모든 자신에 대해 글을 쓰려고 생각하는 것만으로도 큰 도움이 됩니다. 주변인과 자신에 대한 기억을 기록하고, 자신의 감정을 언어로 표현하고, 그에 대한 생각을 덧붙이는 것은 자신에 관해 탐구하는 좋은 방법입니다. 자신이 어떤 사람인지 잘 알수록 어떻게 하면 조금 더 나은 나로 변화할 수 있는지도 알게 되지요.

너무 아픈 기억은
어떻게 해야 할까?

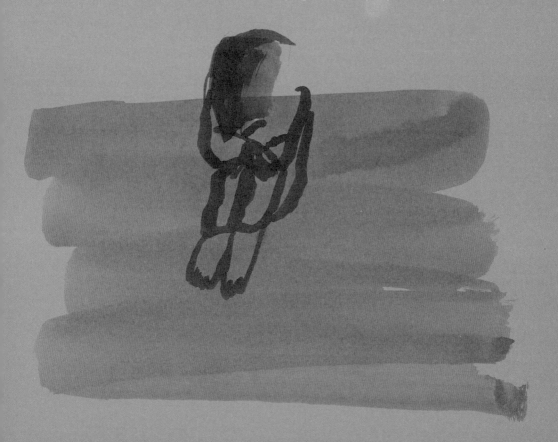

잊고자 할수록 잊을 수 없는 기억

2014년 4월 16일 여느 때처럼 연구실에서 공부하고 있었어요. 인터넷 포털에 제주도로 가던 배가 가라앉고 있다는 짧은 뉴스가 떴습니다. 하늘에서 떨어져 한순간에 끝나 버리는 비행기 사고가 아니라, 가까운 바다에서 배가 천천히 가라앉고 있다면 충분히 구조되겠지 생각하기도 했네요. 오후에 전원 구조되었다는 소식을 듣고 그럼 그렇지 싶었는데 얼마 지나지 않아 오보라고 밝혀졌죠. 그리고 그날 밤부터 화려하게 쏘아 올리던 조명탄과는 반대로 바다는 어둡기만 했어요.

그 배에 타고 있었던 사람 중에 제가 아는 사람은 없었지만, 그날의 기억은 이리도 선명하고도 슬프게 남아 있습니다. 이승환이 부른 「가만히 있으라」를 들으면, 그 배에서 울려 퍼졌을 방송이 들려오는 것 같아, 그리고 그 방송만 믿고 구조를 기다리는 사람들이 떠올라 눈물이 나올 것 같습니다.

하물며 제가 이럴진대, 그 배에 타고 있다가 돌아오지 못한 사람이 가족이나 친구인 사람이라면 어떨까요? 심지어 그 배에서 겨우 살아남아 돌아온 사람이라면 어떨까요?

웹툰 「닥터 프로스트」에서는 물에 대해 너무 심한 공포증을 겪는 학생 이야기가 나옵니다. 물, 배 등이 머릿속에서 연상되기만 하더라도 공포에 질려 아무것도 못 하는 상태가 되어 버립니다. 침몰하는 배 속에 두고 나온 친구에 대한 기억이 끊임없이 떠오르며 죄책감에 시달리고요. 이 웹툰에서 다루는 이야기도 세월호 참사에서 모티브를 따왔다고 합니다.

이런 경우에서 볼 수 있듯 기억은 머릿속에 단순히 저장되고 인출되는 것만이 아니라, 기억을 하는 사람의 감정, 행동까지 변하게 하는 힘이 있습니다. 다시 말해 머릿속에서 일어나는 시냅스 변화를 통해 기억이 형성된다면, 변화된 시냅스를 통해 기억이 역으로 우리를 변화시킬 수도 있는 거죠. 평범한 사람이라도 어떤 강력한 경험으로 인해, 그리고 그 경험으로 새겨진 기억 때문에 변하는 경우를 자주 봅니다.

평범한 사람이 겪을 수 있는 강력한 경험은 종류가 많겠지만, 그중 사람의 인생을 바꿀 만한 것으로 전쟁 경험이 있습니다. 전쟁으로 인한 고통은 그 지역에 살고 있는 사람만 겪는 것은 아니라고 해요. 전쟁터에 나갔던 군인도 역시 전쟁 이후의 삶을 정상적으로 살아가기 힘들다고 합니다.

일상생활이 무기력해지고, 깊이 잠들기 힘들어 새벽에 뒤척이고,

직장 생활에 적응 못 하고, 결국은 가족과도 같이 살아가기 힘든 경우가 많다고 하죠. 비록 명령에 따라 수행한 일이었다고 하더라도 죄책감에 시달리고요. 반대로 전쟁에서의 아슬아슬한 긴장감 같은 극한의 경험을 그리워하고 잊지 못해 일상생활에 적응 못 하는 일도 있다고 하죠.

생존과 결부된 극한의 경험은 선명하게 남을 뿐만 아니라, 쉽게 잊히지 않습니다. 수렵과 채집 생활을 하던 인간이 생존하기 위해서는 자신을 위협하는 포식 동물과 관련된 경험을 빨리 학습하고, 잊지 않는 것이 필요했겠죠. 전쟁은 그런 경험을 극한까지 몰고 갑니다. 총알과 포탄이 날아다녀 목숨이 위태로운 상황을 넘기기도 하고, 동료가 죽기도 하죠. 가장 큰 충격인 건 본인과 별반 다르지 않은 인간을 죽여야 하는 일일 것입니다.

공포와 관련된 신경세포는 쉽게 흥분하는 경향이 있어요. 목숨이 위태로울 수도 있는 상황이라면, 확실치 않은 약한 자극에도 반응해야 생존에 도움이 됩니다. 그런 경험을 매일같이 지속해서 겪는다면, 하루에도 몇 번씩 반복된다면, 이 신경세포에 무언가 문제가 생겨 버립니다. 아주 작은 자극에 더 쉽게 흥분하거나, 반대로 어떤 자극에는 아예 반응하지 않는 상태가 되어 버리죠.

공포 기억과 관련된 신경세포는 과거에는 인류의 생존에 도움이 되었습니다. 호랑이 무늬에 빠르게 반응하고, 강력하게 기억하는 신경세포는 현대 인류에게 이제는 불필요한 잉여라고나 할까요. 언뜻 보이는 호랑이 무늬만 보고 빠르게 도망쳐야 할 일이 더는 없으니까요. 우리는 이제 호랑이를 동화책, 만화, 텔레비전, 동물원에서나 볼 수 있을 뿐입니다.

이제는 야생에 살고 있지 않은 현시대의 사람에게는 공포 기억 신경세포가 오히려 부작용을 불러일으킬 일이 많아졌습니다. 인간의 생존과 공포에 직접 관련이 있는 전쟁 경험이 오랫동안 잊히지 않는 이유도, 그런 기억이 너무 쉽게 다시 떠오르는 이유도 공포 기억 신경세포 때문이죠. '외상 후 스트레스 증후군'이라는 병이 생기는 이유입니다.

외상 후 스트레스 증후군이라는 병의 존재가 잘 알려지지 않았던 시절도 있었어요. 정신력이 약해서 그런 거야, 의지가 부족해서 그래, 훌훌 털고 어서 일어나야지, 그런 일 따위는 잊어버려. 정신적으로 고통스러워하는 사람에게 쉬이 이런 말을 하던 시절이 있었던 거죠. 하지만 트라우마라는 말로 많이 알려진 정신적 외상은 단순히 정신력으로 극복할 수 있는 것이 아닙니다. 마음의 상처인 정신적 외상은 잊고자 할수록 오히려 잊을 수가 없는 기억입니다. 당장 "코끼리는 생각하지 마."라고 했을 때 순간 코끼리가 머릿속에 떠오른 것처럼 마음속 생각과 기억을 의지로만 제어할 순 없어요.

외상 후 스트레스 증후군은 공포 기억 신경세포의 기능이 과도하게 활성화되어, 뇌에 이상이 생긴 것입니다. 보통의 기억도 잊으려고 할수록 오히려 잊히지 않는데, 정신적 외상으로 생긴 기억은 훨씬 강력하게 남습니다. 공포, 불안, 분노, 흥분 등의 감정을 쉽게 활성화하는 기억이 뚜렷하게 남아 있는 것이죠. 외상 후 스트레스 증후군은 머릿속에서 감정과 기억을 제어하는 기능이 고장 나 생기는 정신적 질병인 겁니다. 의지가 약해서 그런 거라고 쉽게 말할 수 있는 가벼운 문제가 아닌 거죠.

트라우마는 전쟁 같은 특수한 경우에만 생기는 것이 아닙니다. 우리가 생활하고 있는 일상에서도 얼마든지 발생할 수 있죠. 앞서 얘기했던 세월호 참사 같은 대형 사고를 경험하거나 목격한 사람, 성폭행 같은 범죄에 피해를 입은 사람에게도 마찬가지로 정신적 외상이 남습니다.

기억은 예측하는 데도 쓰인다

집에 퇴근하면, 두 고양이가 저를 반갑게 맞이합니다. 제 발소리를 알아듣고는 문을 열기도 전에 야옹 하며 말을 걸기도 해요. 편한 옷으로 갈아입고, 부엌으로 가면 부리나케 쫓아와서 발 근처를 맴돕니다. 간식을 꺼내 달라는 것이죠.

저랑 사는 두 고양이 아몽이와 미몽이가 저렇게 행동하는 것은 하루 중 집사가 집에 오는 시간과 발소리의 특징, 부엌 찬장에 간식이 있다는 것과 퇴근 이후에 간식을 잘 꺼내 준다는 것을 기억하기 때문입니다. 아몽이와 미몽이의 기억이 제 행동을 예측할 수 있게 하는 거죠. 부엌에는 간식이 있고 부엌으로 갔으니 간식을 꺼내 줄 것이라는 식으로요.

기억을 저장하고 인출하는 것이 과거에 있었던 일이나 배웠던 것을 불러내는 데에만 쓰이는 것이 아닙니다. 지금 당장 할 행동에도 영향을 미치게 되죠. 기억의 형태로 남아 있는 경험은 앞으로 일어날 일을 예측하고, 대처하는 행동을 결정하는 판단 기준이 됩니다. 아몽이 미몽이가 간식 주는 시간에 맞춰 애교를 부리는 것처럼요.

예측을 위한 기억은 아주 단순한 근육 움직임에도 필수적입니다. 계단을 오를 때 7~8칸 계단을 무의식적으로 오르게 되면, 우리 몸은 따로 신경을 쓰지 않더라도, 계단 높이를 적당히 예측하게 됩니다. 지금까지 올라온 몇 칸의 계단 높이를 자연스럽게 기억하는 것이죠. 계단을 오를 땐, 다리 근육을 적당히 계단 높이만큼 올려야 하죠. 너무 높이 올리면 쓸데없이 힘을 낭비하고, 발바닥을 디딜 때 충격도 큽니다. 그렇다고 해서 계단 높이보다 낮게 발을 올리면 계단에 걸려 넘어지게 되죠. 우리는 계단을 오를 때 오르는 계단을 일일이 눈으로 확인하지 않아도 오를 수 있습니다. 대부분 계단은 높이가 처음부터 끝까지 일정하므로 넘어질 일이 없죠. 가끔 마지막 계단만 다른 계단보다 미묘하게 높은 경우 문제가 됩니다. 무의식적으로 기억한 계단 높이 정도로만 마지막 계단에서도 발을 들어 올리게 되고, 그럼 계단에 발이 걸려 넘어지게 되죠.

좀 더 극단적인 기억과 예측 사이의 관계는 외상 후 스트레스 증후군이 잘 보여 줍니다. 안 좋은 사건이나 사고에 대한 경험과 기억이 앞으로 생길 일을 예측하는 데 악영향을 주는 것이죠. 보통 사람보다 공포를 지나치게 강하게 예측하기 때문에 문제가 생기는 일이라고 해석할 수 있습니다.

사회적인 기억을 보존하는 까닭

영화 「이터널 선샤인」은 기억을 삭제할 수 있는 가상의 회사가 있다면 어떨까 하는 데서 이야기가 시작되죠. 조엘과 클레멘타인은 원래 연인 관계였지만, 최근에 크게 싸우고 헤어졌습니다. 어색하지만 조엘은 용기를 내서 클레멘타인에게 발렌타인 선물을 하러 갑니다. 클레멘타인은 그런 조엘을 무시해요. 무시한다기보다 아예 처음 보는 사람처럼 행동하죠. 새로 사귄 남자 친구와 아무렇지 않게 웃고 떠드는 클레멘타인을 두고 조엘은 뒤돌아섭니다. 비록 싸우고 헤어졌지만 이렇게 무시하는 것은 심하다고 생각하며 화를 꾹 참고 집으로 돌아와요.

기억 삭제 회사로부터 온 편지를 확인하고 조엘은 비로소 알게 됩니다. 클레멘타인이 왜 그렇게 행동했는지를요. 클레멘타인은 헤어진 충격이 너무 큰 나머지 조엘에 대한 기억을 삭제해 버린 겁니다. 자신에 대한 기억을 삭제했다는 것을 알게 된 조엘은 그렇게까지 한 클레멘타인에게 분노하고 실망하고 슬퍼합니다.

복수심에 휩싸인 조엘은 본인도 기억을 지우기로 합니다. 기억 삭제 회사에서는 조엘이 자는 밤중에 집에 찾아가서 기억을 지워 주므로 아침에 일어나면 새로운 세상을 맞이할 수 있다고 홍보하죠. 본인이 기억을 지웠다는 사실조차 까맣게 모른 채 살아갈 수 있다고요.

기억을 지우기로 한 밤, 꿈에서 조엘은 깨닫습니다. 본인이 큰 실수를 했고, 클레멘타인과의 소중한 기억을 지우고 싶지 않다는 것을요. 꿈속에서 기억을 잃지 않기 위해 기억 속의 그녀와 함께 열심히 도망칩니다. 뒷얘기는 영화를 직접 보시는 게 좋을 거 같아요.

어떤가요? 의미 없는 숫자와 문자의 나열을 잊지 못해 괴로워했던 솔로몬만큼은 아니더라도, 우리도 살아가면서 잊고 싶은 기억은 많습니다. 특히 전쟁, 사고 같은 일어나지도 않았으면 하는 기억도 있죠. 그런 기억을 아예 지울 수 있다면 어떨까요? 개인 차원에서뿐만 아니라, 사회적인 수준에서 아예 그런 일이 있었다는 것조차 지우는 것은요?

사회적인 기억을 지운다는 것은 그 기억에 관여된 사람, 목격한 사람의 기억을 지우는 것을 포함합니다. 그리고 그런 사실이 있었다는 사실을 기록하지 않고, 알리지도 않아야겠죠. 이렇게 사회적 기억을 왜곡하고 조작하는 일이 얼마나 위험한지는 굳이 자세히 설명하지 않아도 쉽게 알 수 있을 거예요. 유대인을 학살한 홀로코스트가 일어나지 않았고, 한국전쟁이 일어나지 않았고, 5.18 광주 민주화운동 때 계엄군에 의한 진압이 일어나지 않았다고 하는 세상은 숨막히는 느낌입니다.

조지 오웰이 소설 『1984』에서 그린 사회가 그러합니다. 빅 브라더가 통치하는 그곳 세상은 너무나도 끔찍합니다. 일어난 일을 일어나지 않았다고 하거나, 일어나지 않은 일을 일어났다고, 국가가 통제하는 신문과 방송에서 반복적으로 송출합니다. 국가가 원하지 않은 사실을 말하는 사람을 잡아내기 위해 서로서로 감시하도록 하죠. 그덕에 빅 브라더가 원하는 대로 통제됩니다. 모든 사람의 기억이 국가가 원하는 대로 조작되고 통제되는 세상이라니 끔찍하지 않나요?

때론 누군가는 현재에도 원하는 대로 사람들의 기억을 조작하고 싶은 충동에 휩싸여 있을지도 몰라요. 그렇지만 다행스럽게도 대부분 사람은 끔찍한 기억일수록 오히려 보존하고 반성해야 한다고 생각하고 있습니다.

대구 지하철 1호선 중앙로역에는 통곡의 벽이라는 게 있어요. 대구 시민에게 너무나 큰 고통과 충격을 안겨 준 대구 지하철 화재 참

사를 기억하기 위한 공간입니다. 통곡의 벽 안쪽에는 불에 탄 공중 전화, 벽, 각종 잡동사니가 보존, 전시되어 있어요. 모두가 까맣게 타 버려 겨우 형체만 남아 있는 정도입니다. 당시 화재가 얼마나 끔찍 했는지 금방 와닿아요.

지하철 화재로 인해 200여 명의 사람이 죽거나 실종되었고, 많은 사람이 피부 화상을 입거나, 호흡기나 폐가 손상되었다고 해요. 살 아남았더라도 각종 후유증이 심해 아직도 고통받고 있다고 합니다. 육체적인 고통뿐만 아니라, 살아남은 사람이나 주변 사람들의 정신 적인 고통은 훨씬 더 심합니다.

그 이후로 대구에서 지하철을 도시 철도라고 부르고, 새로 개통된 3호선이 지상철인 이유가 지하철 화재 사건 때문이라는 소문이 있 을 정도로 이 사건의 충격은 컸습니다. 그럼에도 불구하고, 그 당시 의 모습을 남겨 둘 뿐만 아니라, 전시까지 하는 이유는 무엇일까요?

비슷한 것으로 뉴욕 911 추모 공원이 있습니다. 비행기 테러로 완 전히 무너져 버린 세계무역센터 건물 잔해를 보존하면서, 당시 희생 당한 사람들을 추모하기 위해 만든 공원이에요. 미국이란 나라가 세 워진 이래 최초로 본토를 공격당한, 어떻게 보면 수치스러울 수도 있는 9.11 테러입니다. 그럼에도 불구하고 무너진 건물터를 치우거 나, 다른 건물을 짓지 않고, 그 자리를 보존하면서 추모 공원을 만들 었죠. 그 이유는 아마 이런 기억을 잊거나 지우는 것이 올바른 일이 아니라고 생각하기 때문일 겁니다.

　이런 대형 사건이나 사고를 많은 노력을 들여 가면서 보존하고 기억하는 것은 그 일을 잊지 않고 끊임없이 되새기려는 사회적인 노력입니다. 당사자와 사회 구성원 모두에게 큰 상처를 준 일이지만, 단지 없었던 일로 취급하면 안 되기 때문이죠. 없었던 일로 취급하면 잠시나마 망각의 위안으로 도망칠 수는 있겠죠. 하지만 억지로 잊으려 하면 할수록 오히려 잊기 힘듭니다. 또한 비슷한 일이 다시 발생하는 것을 막을 수도 없겠죠. 다시 지워 버리면 되지 않냐는 생각이 들지도 몰라요. 하지만 육체적으로 정신적으로 새겨진 고통을 잊는 것만으로 해결하는 것은 불가능합니다.

　더욱이 당사자가 아닌 다른 구성원이 이젠 잊으라고 하는 것은 폭력이나 다름없어요. 설사 기억을 지울 수 있는 편리한 기술이 개발되더라도, 기술을 쓰는 것을 신중하게 고려해야 하는 이유는 여기 있습니다. 덮거나, 잊는 것만으로 해결되지 않는 문제를 감춰 버리고, 고통당한 사람을 강제로 침묵시키는 도구로 활용될 수 있기 때문입니다.

아픈 기억을 지우는 건 어떨까?

「이터널 선샤인」에는 조엘 말고도 기억을 지우려 찾아온 사람이 많습니다. 너무도 사랑했던 사람이 죽었다는 사실을 받아들이기 힘들어, 그 사람에 대한 기억을 통째로 지우려고도 하고요.

사회적인 기억이 아닌 개인적인 이유로 발생한 일을 지우는 것은 어떨까요? 본인이 원해서 기억을 지운다면 괜찮은 일일까요? 외상 후 스트레스 증후군으로 고통받는 사람 처지에서는 기억을 지우는 것이 제일 좋은 해결 방법은 아닐까요?

기억은 고립되어 있지 않죠. 촘촘히 연결된 신경세포의 소통 속에서 유지되고 되살아납니다. 특정 기억만 지운다는 것은 애초에 불가능한 일인지도 몰라요. 연결된 기억의 고리를 끊고, 지우개로 그 부분만 지우듯 지울 수는 없어요. 얽히고설켜 있는 신경세포 네트워크 사이를 그렇게 쉽게 떼어 낼 수는 없는 거죠.

먼저 죽은 사랑하는 사람을 잊지 못해, 그 고통 때문에 기억을 지운다고 상상해 봅시다. 사랑했던 만큼 그 사람과 함께한 시간은 무척이나 많았겠지요. 이 시간을 지운다는 것은 본인 인생의 일부를 삭제한다는 의미입니다. 그 일부에는 사랑했던 사람만 포함된 것은 아닐 거예요. 그 사람의 친구와 만났던 시간도 있을 것이고, 내 친구와 같이 만났던 시간도 있을 겁니다. 같이 들었던 음악, 같이 본 영화, 같이 먹었던 음식, 같이 걸었던 길 모두 삭제해야 하지요. 이 모든 것을 삭제하고도 아무 문제 없이 살아갈 수 있을까요? 과거를 회상할 때 무언가 삐걱거리진 않을까요? 사랑했던 사람을 같이 알던 친구와 제대로 대화를 나눌 수 있을까요?

기억이 머릿속으로 회상되거나 인출되지 못하도록 막을 수 있을지는 모르죠. 그렇다고 하더라도 무의식에 남아 있는 기억으로 인한 영향을 피할 수는 없어요. 게다가 상처를 가려 버리면 치유할 수조차 없어지죠.

기억을 지우거나 고의로 억제하는 것은 그 기억을 공유하고 있는 사람에게 상처를 주는 일이기도 합니다. 클레멘타인이 기억을 지워서 조엘이 큰 상처를 받았던 것처럼요. 어느 날 나와 심하게 싸운 친구가 다음 날부터 날 처음 보는 사람처럼 행동한다면 어떨까요? 차라리 날 미워한다면 그 감정에 대응하며 관계를 회복하기 위해 노력

해 볼 수 있겠죠. 하지만 나에 대한 기억이 아예 없으면 그것마저 불가능합니다. 어떤 기억은 혼자만의 기억이 아니기에 지우는 것에 신중해야 합니다.

기억을 지우지 않더라도, 외상 후 스트레스 증후군을 극복하고 이전처럼 생활하게 되는 사람도 있습니다. 오히려 사고 이전보다 정신적으로 성장하는 예도 있다고 해요. 기억을 억누르고 잊으려고만 해서는 이런 극복을 할 순 없겠지요.

외상 후 스트레스 증후군을 극복하려면 고통스러운 기억의 신경세포와 감정을 활성화하는 신경세포 간의 연결이 점차 분리되는 과정이 필요합니다. 한번 강하게 연결된 기억과 감정의 신경세포가 분리되는 것은 쉬운 일이 아닙니다. 의식적인 노력과 많은 시간이 필요하죠.

그 노력의 시간이란 기억을 잊으려고 노력하는 시간이 아니라 반대로 그 기억을 들여다보고, 기억을 대면하는 자신을 바라보는 시간일 겁니다. 고통과 슬픔으로 뒤범벅된 기억을 차근차근 되짚어 보는 과정인 거죠. 기억을 덮어 두기만 해서는 상처를 치유할 수 없어요. 상처가 어떻게 생겼는지 일단 봐야 치유를 할 수 있는 거죠. 물론 이렇게 한다고 해서 모두 정신적 외상을 극복할 수 있는 것은 아닙니다. 그렇지만 기억을 지우는 것이 최선의 치료는 아닌 것은 분명하지요.

기억의 누적이
자기 자신이다

기억상실증이 말해 주는 것

갑자기 밝은 불빛이 얼굴에 비친 순간, 놀란 고양이처럼 눈동자가 쪼그라들고 주인공의 몸은 그 자리에 얼어붙은 채 차에 치입니다. 병원에서 기적적으로 깨어나면 늘 그렇듯 난 누구지? 하는 표정을 짓죠. 흔히 드라마에서 자주 사용하는 설정입니다. 어떤 사고를 계기로 기억을 잃게 되고, 그로 인해 곤경에 처한 주인공은 항상 신분증이 없습니다. 본인 이름도 알 수 없고, 살던 집도 어딘지 기억 못하는 안타까운 상황에 부닥치죠.

사고 이후 이야기는 자신이 누구인지를 찾아가는 여정으로 바뀝니다. 아무 생각 없이 새로운 사람을 만나 잘 지내다가도 옛날 기억이 불쑥불쑥 솟아나, 원래 자신의 정체성을 찾아갈 수밖에 없도록 하죠. 다른 한편에서는 갑자기 사라진 주인공을 찾느라 친구들이 고생하는 장면이 그려지고요. 사고를 계획한 사람 쪽에서 주인공이 돌아오지 못하도록 방해하는 장면이 나오며 드라마를 보는 사람을 긴장하게 합니다.

주인공이 '나는 대체 누구인가?'라고 고민하며 방황하는 이야기는 흥미롭습니다. 그런 이야기가 흥미로운 이유는 우리가 비슷한 질문을 품기 때문이기도 합니다. 나는 어떤 사람인가 하고 궁금하니 심리 테스트를 하기도 하고, 점을 보기도 하고, 혈액형별 성격이나 별자리 성격을 찾아보기도 하죠.

기억을 잃어버린 주인공의 이야기에서 극단적으로 보여 주듯이, 내가 누구인가의 핵심에는 내가 지닌 기억이 있습니다. 과거 기억을 잃어버리고 나서, 자신의 혈액형이 AB형이고, 태어난 날의 별자리가 사수자리라는 사실을 아는 것은 아무런 의미도 없습니다.

정체성과 기억의 연속성

제가 고등학생일 때 「맨 인 블랙」이라는 영화가 인기였습니다. 주인공 두 명이 근무하는 부서의 이름은 MIB라고 하고, 주된 업무는 외계인 대응입니다. 검은색 양복을 멋있게 입은 주인공 두 명이 지구를 파괴하려는 외계인의 음모를 막아 내는 내용이 영화의 주된 줄거리죠. 이미 지구에 정착해서 사는 외계인도 나오는데 그런 외계인의 협조로 외계의 기술을 이용해 주인공이 쓰는 장비를 만들기도 합니다.

그런 장비 중 하나가 기억을 지우는 장치인데요. 꼭 은색 만년필처럼 생긴 이 장치를 꺼내, 적절하게 다이얼을 돌려 버튼을 누르면 기억이 지워지는 거죠. "자 여길 보세요."라고 주목하게 한 다음, 빛

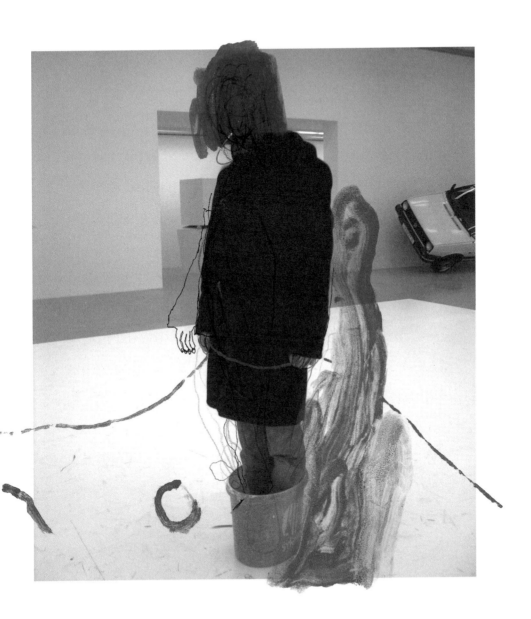

이 번쩍하면 방금 목격한 외계인 소동은 까맣게 잊게 됩니다. 일반인들에게는 외계인의 존재를 비밀로 유지해야 하니 이 장치는 MIB 요원에게는 필수품이죠.

주인공 중 선배 요원이 이젠 늙고 지쳤다며 은퇴할 때도 후배 요원이 기억 삭제 장치를 사용해서 그의 기억을 지웁니다. 외계인의 존재를 알아 버린 사람을 그냥 은퇴시킬 순 없었나 봐요. 선배 요원은 요원으로 활동했던 기억이 모두 지워진 채, 우체국 말단 직원으로 평범한 삶을 살게 됩니다.

기억을 지우고 나서는 MIB 요원으로 활동할 때 친했던 후배 요원, 같이 일했던 동료 모두 알아보지 못하죠. 그런데 우체국 직원으로 사는 이 사람을 MIB 요원이었던 사람과 같은 사람이라고 할 수 있을까요? 비록 겉모습은 같지만, 전혀 다른 기억을 가지고 인간관계도 달라진 사람을 같은 사람이라고 할 수 있을까요?

아마 같은 사람이라고 보기는 힘들 거예요. 억지로 검은 양복을 입히고, 예전 요원으로 활동하던 시절 쓰던 무기를 손에 쥐어 주더라도 여전히 기억을 못 한다면 말이죠. 입혀 놓은 양복을 어색해하며 좀 전까지 일하던 우체국으로 돌아가고 싶어 한다면 이제는 다른 사람이 되어 버렸다고 해야 할 겁니다. 어떤 한 사람의 정체성과 자아를 유지하는 데는 그 사람이 지닌 기억의 연속성이 중요합니다.

판타지 세계에서는 아주 오래 사는 존재가 등장하곤 합니다. 수천 년을 사는 엘프나 영원한 젊음을 유지하기 위해 피를 빠는 흡혈귀 같은 종족이 그렇죠. 이런 존재들은 기억력도 비상합니다. 수백 년 전, 수천 년 전 기억도 어제 일처럼 기억하고 있죠. 수십 년 살다 늙어 죽을 수밖에 없는 인간을 불쌍히 여기기도 하고, 깔보기도 합니다. 그러다가 인간과 사랑에 빠지기도 하죠. 사랑했던 인간이 늙고 병들어 죽고 나면 영원히 외로워하고 슬퍼하는 고독한 존재로 묘사되기도 합니다.

이런 불멸의 존재가 "나 오래 살았어."라고 말할 수 있는 건 옛날 기억이 살아 있기 때문입니다. 수천 년, 수만 년 살아온 존재가 우리 인간처럼 잘 까먹는다고 생각해 보세요. 뭔가 이상해집니다. 그들의 기억력이 인간 수준이라면 수백 년 전의 기억은 아득하게 잊어버릴 텐데요. 300년 전에 어디서 뭐 했는지 물어보면, 모르겠다며 기억이 안 난다고 하는 존재가 스스로 천 살이 넘었다고 하면 믿을 수 있겠어요? 설사 나이가 수천 년 이상이라고 밝혀진다고 하더라도, 기억하지 못하는 과거의 자신은 현재와 분리될 수밖에 없습니다.

골동품을 파는 할아버지가 손도끼를 팔면서, 이건 임꺽정이 쓰던 도끼라고 비싼 값을 부른다고 해 봅시다. 그런데 나무 손잡이도, 도끼날도 너무나 새것 같다면 이상하지 않겠어요? 그 이유를 물어보니 할아버지가 허허 웃으며, 도끼날이 녹슬어서 몇 번 갈았고, 나무 손잡이도 좀먹어서 몇 번 갈았다고 대답하시네요. 그럼 그 도끼는 정말 임꺽정이 쓰던 도끼와 같은 도끼라고 말할 수 있을까요? 과거를 기억하지 못하는 불멸의 존재도 마찬가지입니다. 도끼날과 나무 손잡이가 교체되면 다른 도끼가 되듯, 기억의 끈이 끊어지면 다른 존재가 되어 버리는 거죠. MIB의 선배 요원도 기억이 교체되면서 다른 사람이 되었던 것처럼요.

티베트 불교의 영적 스승이자 지도자를 달라이 라마라고 부릅니다. 티베트 불교에서는 달라이 라마가 죽으면, 전생의 기억을 지닌 채 환생한다고 믿습니다. 현재의 14대 달라이 라마 역시 어릴 때 13대 달라이 라마가 아니면 알 수 없는 것들을 기억하고 대답해서 달라이 라마로 인정받았지요. 그들은 영적 스승이자 지도자가 인간의 육체를 지니고 수명을 다해 죽더라도, 그대로 사라지는 것이 아니라 영원히 환생하면서 달라이 라마라는 정체성을 유지한다고 믿는 거예요. 그리고 달라이 라마라는 정체성을 증명하는 수단이 전생의 기억인 겁니다. 전생의 기억을 지닌 채 태어남으로써 선대의 달라이 라마와 같은 사람으로 인정받는 것이지요. 옛날 기억을 못 하는 영원불멸의 존재는 과거의 자신과 분리될 수밖에 없다고 했지요. 달라이 라마는 정확히 반대의 경우로 죽었다 다른 사람의 몸으로 태어났지만 전생의 기억을 통해 같은 정체성을 유지합니다.

영혼이 있다고 믿는 문화에서는 환생이라는 주제를 자주 다루게 되는데요. 달라이 라마 같은 특수한 경우가 아니라면, 환생하기 전에 반드시 기억을 지우는 과정이 있습니다. 그리스 로마 신화에는 이승과 저승 사이의 강 중에 망각의 강 레테가 있어요. 망각의 강을 건널 때, 강물을 마시고 전생의 기억을 잊게 되죠. 우리나라의 설화에서도 사람이 죽으면 저승에 가고, 다시 태어나기 전에는 기억을 지우죠.

영혼이나마 영원불멸했으면 하는 바람이 반영된 환생 이야기에서 망각을 중요시하는 이유는 무엇일까요? 기억을 지우지 않으면, 현재의 삶을 제대로 살아갈 수 없기 때문일 거예요. 달라이 라마라고 인정받은 아이는 곧 어머니와 생이별을 하게 됩니다. 티베트 불교의 영적 스승으로서 수행하고, 추앙받으며, 지도자 교육을 받아야 하니까요. 현재의 자신이 어떤 삶을 원하는지, 꿈이 무엇인지는 중요하지 않습니다. 달라이 라마로 정해진 삶을 살아야만 합니다.

환생할 때는 새로운 삶을 제대로 살아가기 위해 기억을 지우기도 하지만, 살아가면서 겪은 큰 고통이나 죽는 순간의 고통의 기억을 없애는 것도 중요할 겁니다. 그러지 않으면 다시 고통을 겪을 수밖에 없는 삶을 또다시 살아가고 싶을까요? 사고로 죽었다면 그 순간의 기억이 끝없이 괴롭힐 거예요. 태어남과 동시에 외상 후 스트레스 증후군을 앓게 되는 것이나 다름없습니다. 만약 누군가의 손에 살해당했다면, 살인자의 얼굴이 잊히지 않겠죠. 전생에 일어난 일을 복수하겠다고 하며, 새로운 삶을 제대로 돌보기 힘들 겁니다.

사람이 살면서 누적한 기억이 곧 그 사람 자체이기 때문에, 전생 기억을 지닌 채 환생하는 것은 새로 태어났다고 할 수 없습니다. 정말 영혼이 있다면, 그래서 그 영혼이 끊임없이 환생하고 있는 것이라면, 전생을 기억 못 하는 게 얼마나 다행인지 모릅니다. 그렇지 않다면 넘쳐 나는 전생의 기억 속에서 환생의 굴레에 짓눌려, 현실의 삶을 제대로 살아갈 수 없을 테니까요.

기억을 잃어 가는 치매

새로운 정체성으로 살기 위해서는 기억을 삭제하는 것이 필수입니다. 반대로 살아가면서 정체성을 유지하려면 이미 지닌 기억을 잘 유지하는 것이 중요할 겁니다.

치매라는 병이 무서운 이유는 여기에 있습니다. 아주 오랫동안 쌓여 온 할아버지, 할머니의 그 기억들을 치매는 조금씩 파괴해 갑니다. 치매 환자는 자신과 주변 사람에 대한 기억을 잃게 되면서 주변 사람을 몹시 슬프게 하죠.

처음에는 가벼운 건망증처럼 시작하기도 합니다. 치매의 초기 건망증은 오늘 아침에 뭘 먹었는지 생각 안 나는 정도보다는 심합니다. 아침을 먹었는지 안 먹었는지도 모르는 정도죠. 아침에 무슨 국과 반찬을 먹었는지 기억 안 나는 건망증은 보통 사람도 흔히 겪을 수 있지만, 좀 전에 먹은 아침을 안 먹었다며 배부른 상태에도 또 밥을 먹으려 한다면 치매를 의심해야 하는 수준입니다.

점점 기억 상실 정도가 심해지면 지금이 어느 시대인지 모르게 돼요. 현재와 가까운 기억부터 파괴되기 때문이에요. 오래된 기억은 아득하긴 하지만, 그만큼 신경세포 연결이 오래되어 튼튼하기 때문이기도 하죠.

가까운 과거부터 기억을 잃어 가다 보니, 현재 시간대를 1970년대나 그 이전의 본인 젊을 때로 착각하기도 하고요. 지금 사는 집이

아닌 이사 오기 전에 살았던 집을 현재 사는 집으로 착각합니다. 지금 사는 집으로 이사 오고, 살았던 기억을 잃었기 때문이지요. 자기 집으로 돌아가겠다며 가출을 감행하고, 그렇지만 길을 잃고 헤매는 이유가 여기 있습니다.

증상이 더 심해지면 사람도 못 알아보게 되죠. 손자 손녀에 대한 기억, 자식이 결혼한 기억, 본인이 결혼한 기억마저 잃습니다. 그러다 보니 곁에 있는 가족을 생판 모르는 남처럼 몰라봅니다. 보살피는 가족을 보고 모르는 사람이라며 떼를 쓰고, 집을 나가려고 하니 주변 사람도 힘들어집니다. 그렇게 차츰 기억을 잃어 가다 점점 아기처럼 변합니다. 자기 자신이 누구였는지도 모르는 지경에 이릅니다. 몸에는 살아온 삶의 흔적이 역력히 남아 있지만, 머릿속은 백지처럼 되어 버리는 거죠. 기억을 잃고 자기 자신을 잃어버리는 것만큼 무서운 일도 없을 거예요.

기억이 쌓여 가며 자아도 변한다

기억상실증이나 치매를 앓지 않는 한, 우리는 지속해서 기억을 쌓아 가고 있습니다. 지금 이 책을 읽고 있는 순간에도 새로운 기억이 누적되고 있죠. 앞에서 기억이 바뀌거나 기억을 잃으면, 그 사람의 정체성이 변하거나 문제가 생긴다고 했지요. 그렇다면 경험이 누적되어 변하고 있는 우리의 기억은 어떨까요? 우리의 정체성이 변하게 되는 것은 아닐까요?

방학 동안 못 봤던 친구가 몰라보게 변해서 신기한 적이 있나요? 갑자기 키가 컸거나, 여름에 햇볕 아래서 신나게 놀았는지 피부가 까무잡잡하게 그을려 온 친구도 있겠지요. 오래전에 알고 지냈던 친구를 다시 만나면 더욱 많이 변해 있겠죠. 전학을 가는 바람에 헤어졌다가 다시 연락이 닿아 만날 수도 있고요. 같이 다니던 학교를 졸업하고, 다른 학교로 갔다가 동창회에서 다시 만날 수도 있겠죠. 다시 만날 때 친구의 모습은 놀랍고 신기합니다. 마지막에 만나고 다시 만날 때까지의 기간이 길수록 더 신기하죠.

겉모습만 변한 것이 아닌 경우도 많습니다. 옛날에 알던 그 친구가 맞나 싶을 정도로 성격이나 행동이 변해 버린 친구도 있죠. 너무나 소심해서 목소리도 조용하고 말수도 적던 친구가 갑자기 모임을 주도할 수도 있어요. 반대로 같이 학교 다닐 땐 그렇게 까불던 친구가 얌전하게 앉아 있을 수도 있죠. 겉으로 드러나는 성격 말고도 달라진 점은 무수히 많을 거예요. 친구 처지에서도 마찬가지입니다. 나 자신은 그대로인 것 같지만, 오랜만에 만난 친구 역시 변한 모습의 나를 어색해하고 있을지도 몰라요.

그만큼 떨어져 지내는 동안 공유 안 된 기억이 각자 쌓여서 그렇겠지요. 그렇다고 해서 현재의 내가 옛날의 나와 다른 사람이 아니듯이, 변한 친구도 옛날의 그 친구와 같은 친구입니다. 서로 예전의 기억을 꺼내어 보며, 그때와 같은 사람이라는 것을 알아볼 수 있습니다.

기억이 누적된다고 해서 정체성까지 변할 수는 없습니다. 다만 쌓여 가는 기억들이 연속적이어야 합니다. 나에 대한 기억은 나 자신이 연속적으로 경험했기 때문에 당연히 변화를 눈치채지 못하고, 정체성은 그렇기에 유지됩니다.

청소년기에는 키가 훌쩍 자라고 골격이 변하지만, 본인은 그 변화를 잘 느끼지 못합니다. 언제 키가 크려나 하고 매일매일 키를 재 봐도 어제와 별다르지 않아서 실망하기도 하죠. 하지만 일 년이나 한 학기에 한 번 신체검사를 할 때 분명히 변화가 있죠. 중학교 입학 때와 비교해서 졸업 때는 키, 몸무게, 골격이 크게 달라져 있습니다.

몸의 성장과 마찬가지로 마음의 성장도 조금씩 눈치채지 못하게 일어납니다. 어제의 나와 오늘의 나는 느끼고 생각하는 것, 알고 있는 것, 좋아하는 것, 싫어하는 것이 별로 다를 게 없습니다. 그렇지만 오랜만에 만났을 때 어색할 만큼 변해 버린 친구처럼, 마음의 성장과 변화는 일어납니다. 알고 있는 것과 모르는 것이 달라지고, 좋고 싫은 것도 변할 수 있습니다.

몸의 변화는 뭘 먹는지와 몸을 어떻게 움직이느냐에 달려 있을 거예요. 키가 크려면 뼈가 성장해야 하니 칼슘을 많이 먹어야 한다고 하죠. 멸치, 우유에 칼슘이 많다고 해서 매일같이 멸치조림을 반찬으로 먹고, 자기 전 우유 한 잔을 챙겼던 기억이 나네요.

키가 크고, 몸이 좋아지는 것만큼이나 정신적으로 성숙하는 것도 중요합니다. 정신적으로 성숙한다는 것은 단순히 머리가 좋아지고 똑똑해지는 것이 아니기에 머리에 좋다는 음식을 먹는 것으로는 부족합니다. 어떻게 하면 마음 성장에 좋은 영양분을 얻을 수 있을까요? 그건 어떤 경험을 하고, 어떻게 기억을 쌓아 가느냐에 달려 있을 거예요.

경험하고 기록하기

요즘 먹는 방송이 참 많지요. 집에 있는 냉장고를 가져와 요리사들이 요리를 해 주기도 하고, 맛집에 찾아가 맛을 보고, 요리의 대가들을 방송국으로 초청해 요리 과정을 직접 보여 주기도 합니다.

음식의 색깔, 모양, 모락모락 나는 김, 미끄덩거리는 재료, 찌익찌익 늘어지는 질감을 화면을 통해 그대로 보여 줍니다. 먹을 때 나는 소리도 마찬가지죠. 아드득하고 씹히는 소리, 사각사각하고 바스러지는 소리, 쩝쩝하고 질겅이는 소리도 성능 좋은 마이크로 잡아내 우리에게 들려주죠.

냄새와 맛은 어떤가요? 눈물 날 정도로 강력한 매운 고추의 향도, 구수한 곰탕의 향도, 약간은 비릿한 생선회의 냄새도, 방송을 보는 우리는 맡을 수 없습니다. 맛도 마찬가지죠. 출연자들이 새콤달콤한 맛이 난다고 하거나 매콤한 맛이 난다고 하면 그 표현을 귀로 들을 수밖에 없습니다.

먹는 행위에는 냄새와 맛이 필수적인데도, 방송은 그것을 전달하지 못하는데도, 먹는 방송을 보면서 우리는 즐길 수 있습니다. 음식을 먹어 본 경험을 바탕으로 그 맛과 향을 상상해 보면서 침을 삼키기도 하고, 먹어 보고 싶어 맛집을 검색해 보기도 하죠.

음식의 맛과 향을 상상하며 먹는 방송을 즐기려면 이것저것 먹어 본 경험이 먼저 있어야겠지요. 방송에 나온 맛집에 찾아가서 음식을 먹어 본 후 "이건 신선한 재료로 잘 만든 음식이야."라든가 "간이 제대로 안 배어 있어."라고 평하려고 해도 이전에 많은 음식을 먹어 보는 것이 필요하겠죠. 그 맛을 그냥 지나쳐 버리는 것이 아니라, 재료와 향신료의 이름과 함께 기억해 두면 더더욱 도움 될 겁니다. 정말 미식가가 될 작정이라면 사진도 찍어 두고, 맛과 향에 대해 기록하고, 들어간 재료나 조리법에 대해 알아보는 것이 필요합니다.

먹는 방송을 보는 것을 간접 경험이라고 한다면, 직접 경험은 본인이 먹어 보는 것이겠죠. 먹는 방송을 생동감 있게 보고 즐기기 위해, 직접 먹어 본 경험이 필수적이고요. 미처 알지 못했던 맛있는 음식을 찾아가 먹어 보는 데는 먹는 방송을 보는 것이 도움 됩니다. 이처럼 직접 경험과 간접 경험은 서로 도우면서 우리의 삶을 풍요롭게 하지요.

책을 읽거나 만화를 보거나, 영화, 드라마를 보는 것도 마찬가지입니다. 간접 경험을 통해 직접 경험해 보지 못한 세계로 우리를 데려가 줍니다. 좀비로 가득한 세계에서 생존하기 위해 발버둥 치기도 하고, 마법 지팡이를 휘두르며 빗자루를 타고 날아다니기도 하죠. 그런가 하면 상상하기도 싫은 슬픈 경험을 대신 하게 하기도 하죠. 사고를 당하거나 범죄의 피해자가 되기도 하고, 소중한 사람이 목숨을 잃는 고통을 주인공을 통해 경험하기도 합니다.

상상의 세계를 풍요롭게 하는 것은 보는 사람의 머릿속 상상력에 달려 있습니다. 만약 비슷한 경험을 해 봤다면 더 구체적인 상상이 되겠지요. 나는 빗자루를 타고 곡예하듯 이리저리 다니는 장면은 놀이공원의 롤러코스터 같은 놀이 기구를 타 본 경험으로 더욱 생생해질 수 있을 거예요.

맛있는 음식을 먹으면 사진을 찍고 기록을 해 두는 미식가처럼, 본인의 경험을 잘 기록해 두는 것은 여러모로 도움이 됩니다. 일기는 단순히 있었던 일을 기록해 두고 나중에 기억해 내는 데만 쓰이진 않습니다. 새로운 맛있는 음식을 채우기 위해 기다리는 미식가의 빈 노트 같다고 생각하면 어떨까요? 앞으로 자신에게 일어날 하루하루를 채우는 노트로서의 일기 말이죠.

그러기에 일상은 너무도 단조롭고 지루하다고 할 수도 있습니다. 매일매일 맛있는 음식을 찾아 먹지 못하고, 집에서 밥과 같은 반찬만 먹는다면 미식가 노트를 어떻게 채우겠냐고 할 수도 있죠. 텅 빈 일기장 앞에서 '학교 갔다. 밥 먹었다. 학원 갔다. 집에 왔다.' 같은 것만 떠올라 난감할 수도 있습니다. 일기를 매일매일 습관적으로 써야 한다는 생각에서 벗어나도 좋습니다. 써 두지 않으면 아쉬울 거 같은 일, 쓰지 않으면 감정이 풀리지 않는 일, 마음속으로만 생각해야 하는 일 같은 것을 해소하듯 가끔 쓰는 것도 괜찮지요.

자기 속에 있는 이야기를 꺼내는 것은 자기 자신을 드러내는 일이기도 합니다. 그 이야기는 우리의 머릿속에서 기억이란 형태로 저장된 것일 텐데요. 기억으로 저장하고 이야기로 꺼내는 과정이 '나'라는 사람에 의해 진행되고, 재구성되기 때문입니다. 기억하면서 우리 머릿속 신경세포에 새로운 시냅스가 생깁니다. 시간이 지나면 시냅스는 조금씩 변하죠. 새로 생긴 시냅스나 변화된 시냅스는 자신이 이야기를 다시 떠올릴 때, 활성화되면서 확인할 수 있습니다.

자기 자신의 일기나 사진, 영상을 시간이 지나 다시 볼 때 느끼는

감정도, 자신의 변하거나 변하지 않은 점을 확인하며 생겨납니다. 예전엔 이럴 때도 있었지 하며 미숙했던 자신을 다시 발견하고 반성하고, 성숙해진 자신을 확인하기도 하고요. 여전히 부끄럽고, 창피한 면이 변하지 않아 이제는 정말 나아져야겠다 하고 다시 다짐하기도 합니다.

키가 대체 언제 자라나 하고 기둥에 표시해 본 적 있죠? 체중 조절하려고 몸무게를 기록해 두고 나중에 확인한 적은요? 이 모두 조금씩 변하는 자신의 몸을 되돌아보고 앞으로 성장하거나 변화할 자신을 기대하는 일이죠. 이처럼 일기나 기록으로 자기 자신의 마음과 몸 상태를 적어 두는 것은 조금씩 나아지는 자신을 확인하는 좋은 방법입니다.

역사를 공부하는 것도 이와 비슷한 이유로 설명할 수 있습니다. 역사는 사회가 거쳐 온 기억과 기록을 잘 유지하고 되새기는 일이에요. 단순히 옛날엔 이런 일이 있었구나라든가 과거엔 이러고 살았구나 하는 것 이상의 의미가 있지요. 특히 우리나라 역사에 대해 아는 것이 더 중요해요. 대한민국이라는 나라에서 살아가고 있는 우리의 정체성과 깊은 관련이 있기 때문입니다. 그러기 위해서는 삼국 시대, 고려 시대 같은 먼 과거를 아는 것도 필요하지만, 구한말, 일제강점기, 근현대사에 관해 아는 것이 더 중요합니다. 그래야 현대의 우리나라를 파악하고, 미래에 대처해 나가는 데 더욱 도움 될 테니까요. 어떤 과정과 변화를 거쳐 현재의 우리 사회가 되었는지에 대해 공부하다 보면, 지금 일어나고 있는 많은 일에 대해 조금 더 깊이 생각하는 힘이 생기죠.

기억한다는 것,
과거와 현재와 미래에 관해

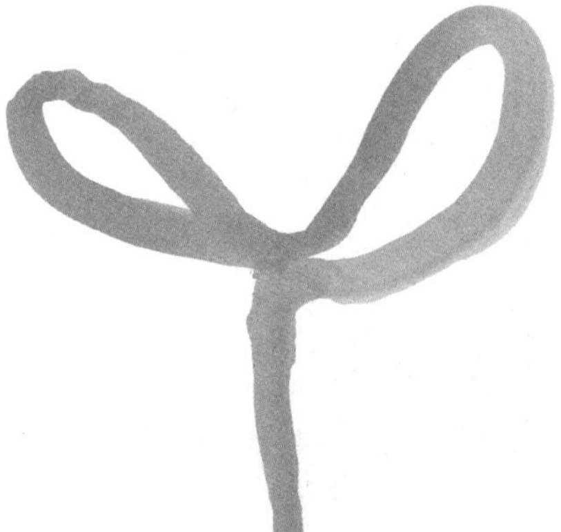

이제 제가 해 드릴 이야기가 끝나 가네요. 기억한다는 것과 관련 있는 것을 이것저것 두서없이 이야기한 것 같아서 부끄럽기도 합니다. 부담 없이 읽어 오셨다면 다행이고요. 이 책에서 다루지 못해 아쉬운 부분도 있습니다. 비슷한 것끼리 착각하는 현상이라든지, 전혀 잘못 기억하고 있음에도 그런 줄도 모르고 굳게 믿는다든지 하는 현상 같은 것들 말인데요. 기억이 곧잘 일으키는 이런 오류에 대해서는 나중에 다시 다룰 기회가 있으면 좋겠습니다.

저는 과학자로서 기억이라는 현상에 대해 꽤 오랫동안 공부해 왔는데요. 이번 기회에 그 주변에서 일어난 일, 일어나고 있는 일에 대해 곰곰이 생각하고, 정리할 수 있어서 좋았습니다. 또 제가 공부해 온 기억이라는 주제와 영화, 소설, 옛날이야기들을 연결해 보는 재미도 있었고요. 그냥 스쳐 지나갈 수도 있는 이야기들을 제가 보는 관점으로 새롭게 연결 짓고, 해석한 것이 기억에 관해 이해하는 데 도움이 되었는지 모르겠습니다. 여기까지는 과거의 저 자신으로부터 시작해서 지금까지 공부해 오고 생각하고 누적해 온 이야기였어요.

이제부터의 이야기는 여러분이 만들어 갈 이야기겠죠. 책을 벗어난 앞으로의 시간은 독자 여러분이 중심이 되어야 합니다. 다만 제가 해 온 이야기들이 여러분 머릿속에서 새로운 연결이 이뤄지면서 또 다른 기억을 만들었으면 좋겠습니다. 여러분에 의해 재조립되어 전혀 다른 이야깃거리가 만들어졌으면 좋겠습니다.

여러분이 이 책을 읽고, 이제 기억에 대해 알았다고 만족하기보다는 또 다른 시작으로 삼았으면 좋겠습니다. 저처럼 기억이라는 현상에 대해 과학적으로 탐구할 수도 있겠죠. 그것 말고도 흘러가는 기억을 붙잡기 위해 글을 쓰거나, 그림을 그리거나, 영상을 찍을 수도 있고요. 다른 사람의 기억에 대해 호기심이 생겨 이것저것 묻고 확인할 수도 있겠죠. 자기 자신에 대해서도 호기심을 품고, 들여다보면서 앞으로 나아가는 여러분이 되었으면 좋겠습니다.

여기에 더해 '우리'의 기억에 대해 궁금해했으면 좋겠습니다. 결국, 우리는 다른 사람과 영원히 떨어져 지낼 수 없으니까요. 나의 정체성은 나 혼자만의 기억으로 구성되는 건 아닙니다. 다른 사람의 눈에 비친 나도 분명히 나의 정체성 일부를 이루게 돼요. 마찬가지로 내가 보는 다른 사람의 모습, 그리고 그 사람에 대해 누적된 나의 기억도 그 사람의 정체성을 형성하는 데 중요합니다. 이렇게 서로에 대한 기억의 연결과 교환으로 우리를 만들죠. 우리의 범위를 직접 관계를 맺고 있는 사람에서 조금 더 범위를 넓히면, 사회가 되고 자연까지 확장하면 지구가 됩니다. 기억이라는 단어를 시간의 직선 위에서만이 아니라, 공간의 평면 위에 펼치는 것이죠.

저 개인적으로는 제 아내와 얼마 전 태어난 딸과 쌓아 갈 기억이 기대되네요. 경험해 보기 전까지 전혀 상상할 수도 없어, 조금 두렵기도 합니다. 이미 제 아내는 몸의 변화를 겪으며, 더 깊이 딸과 관계 맺었지요. 출산 과정과 그 뒤에 육아에 대해 이미 겪어 본 사람들의 경험도 귀담아듣고 있긴 하지만, 저와 아내가 서로 대화하며 결정하고, 경험하지 않으면 안 됩니다. 그리고 새로운 기억의 주체가 될 딸의 등장으로 우리 가족에 새로운 연결이 시작되고 관계가 변화할 앞으로의 과정이 과거의 어떤 기억보다 강력할 것 같은 느낌입니다.

새로운 생명의 탄생이라는 아주 큰 일이 아닐지라도, 우리 주변에는 충분히 의미 있는 기억을 만들 일이 많습니다. 평범한 일상일지라도 기존의 기억과 연결하고, 새로운 기억을 만드는 것은 자신의 마음에 달려 있습니다. 남들이 보기에 아무리 사소한 일일지라도, 그로 인해 세상을 바라보는 자신의 눈이 변화될 수도 있습니다.

나라는 인간이 거쳐 가는 이야기에서 지금 현재는 언제나 미완성된 이야기죠. 이미 쓰인 이야기마저도 우리의 기억을 어떻게 대하고 보느냐에 따라 달라질 수도 있습니다. 앞으로 쓰일 이야기는 말 그대로 어떤 이야기가 될지 모릅니다. 우리의 온몸과 마음을 다해 그 이야기를 써 내려가겠지요. 이야기를 써 가는 과정이 부디 즐겁고 기대되는 일이길 바랍니다.

생각이 찾아오는 학교 너머학교

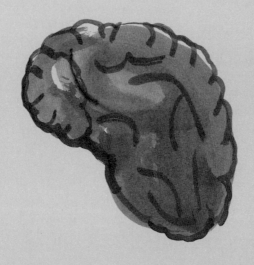

생각한다는 것
고병권 선생님의 철학 이야기
고병권 지음 | 정문주 · 정지혜 그림

탐구한다는 것
남창훈 선생님의 과학 이야기
남창훈 지음 | 강전희 · 정지혜 그림

기록한다는 것
오항녕 선생님의 역사 이야기
오항녕 지음 | 김진화 그림

읽는다는 것
권용선 선생님의 책 읽기 이야기
권용선 지음 | 정지혜 그림

느낀다는 것
채운 선생님의 예술 이야기
채운 지음 | 정지혜 그림

믿는다는 것
이찬수 선생님의 종교 이야기
이찬수 지음 | 노석미 그림

논다는 것
오늘 놀아야 내일이 열린다!
이명석 글 · 그림

본다는 것
그저 보는 것이 아니라 함께 잘 보는 법
김남시 지음 | 강전희 그림

잘 산다는 것
강수돌 선생님의 경제 이야기
강수돌 지음 | 박정섭 그림

사람답게 산다는 것
오창익 선생님의 인권 이야기
오창익 지음 | 홍선주 그림

그린다는 것
세상에 같은 그림은 없다
노석미 글 · 그림

관찰한다는 것
생명과학자 김성호 선생님의 관찰 이야기
김성호 지음 | 이유정 그림

말한다는 것
연규동 선생님의 언어와 소통 이야기
연규동 지음 | 이지희 그림

이야기한다는 것
이명석 선생님의 스토리텔링 이야기
이명석 글 · 그림

기억한다는 것
신경과학자 이현수 선생님의 기억 이야기
이현수 지음 | 김진화 그림

삼국유사,
끊어진 하늘길과 계란맨의 비밀
일연 원저 | 조현범 지음 | 김진화 그림

종의 기원,
모든 생물의 자유를 선언하다
찰스 다윈 원저 | 박성관 지음 | 강전희 그림

너는 네가 되어야 한다
고전이 건네는 말 1
수유너머R 지음 | 김진화 그림

욕망,
고전으로 생각하다
수유너머N 지음 | 김고은 그림

사랑,
고전으로 생각하다
수유너머N 지음 | 전지은 그림

진화와 협력,
고전으로 생각하다
수유너머N 지음 | 박정은 그림

생각연습
생각의 근육을 키우는 질문 34
리자 하글룬트 글 | 서순승 옮김 | 강전희 그림

쿠바 알 판 판 알 비노 비노
오로가 들려주는 쿠바 이야기
오로 · 김경선 지음 | 박정은 그림

그림을 그린 **김진화** 선생님은 대학교에서 회화를 공부하고 어린이책에 그림을 그려 왔습니다. 여러 가지 재료로 물건을 만들어서 사진을 찍는 등 다양한 기법으로 재미있는 그림, 뜻을 담은 그림을 만들기 위해 애쓰고 있습니다. 「친구가 필요해」, 「학교 가는 길을 개척할 거야」, 「기록한다는 것」, 「삼국유사, 끊어진 하늘길과 계란맨의 비밀」, 「수학식당」, 「너는 네가 되어야 한다」, 「나를 위해 공부하라」, 「언제나 질문하는 사람이 되기를」 등 여러 책에 그림을 그렸습니다.

기억한다는 것

2017년 7월 25일 제1판 1쇄 발행
2019년 7월 30일 제1판 4쇄 발행

지은이	이현수
그린이	김진화
펴낸이	김상미, 이재민
기획	고병권
편집	김세희
디자인기획	민진기디자인
종이	다올페이퍼
인쇄	청아문화사
제본	광신제책
펴낸곳	너머학교
주소	서울시 서대문구 증가로20길 3-12
전화	02)336-5131, 335-3366, 팩스 02)335-5848
등록번호	제313-2009-234호

www.nermerbooks.com
너머북스와 너머학교는 좋은 서가와 학교를 꿈꾸는 출판사입니다.